文字探勘基礎：
從R語言入門

譚躍 著

五南圖書出版公司 印行

自序

跟所有人一樣，從來沒有想過自己會出版一本寫著自己名字的書，特別是一本跨領域的、關於電腦編程的書。

在思考很久以後，主要出於兩個目的而寫了這本書。第一，是提供給我在國立中山大學行傳所開設的「電腦內容分析和社會網絡分析」這門課的同學一本實用的教科書。從 2017 年開始，我已經教這門課 7 次了。選修這堂課的同學通常不多，可能的原因是大家都很害怕用 R 語言來寫電腦程式。學習電腦語言程式就好像學一門新的語言，因此需要背很多內容。同學們通常聽完一節課，就被各種各樣的電腦指令給嚇壞了。就像學習一門新語言需要一本好用的字典，同學們需要有一個羅列不同場景中完成不同任務所需要之程式碼的教科書，可以隨時查找。我常説不用硬記程式碼，只要會 copy 和 paste 就好了。我自己也是只記住了很少量的程式碼，每次分析資料都會回頭查看過去的筆記。之後，有了這本書，寫程式碼應該就方便多了。

寫這本書的第二個目的，是幫助人文社會科學領域沒有編程基礎的同學或學者自學文字探勘的技能。常常有老師向我表示，他們也想學習文字探勘的技能，請教該如何入門。我常常説不太清楚，因為編寫電腦程式的細節太多了。因此，我會推薦他們去讀 Julia Silge 和 David Robinson 的 *Text Mining with R*──也是我自學入門所用的書，但我心裡知道，那本書主要是針對英文的文字探勘，若要應用到中文的文字分析，自學者需要走很多的彎路。如果有一本中文文字探勘的書，並且是從人文社會科學領域闡述編程的概念，會使自學者更加容易掌握文字探勘的技能。本書的大部分內容並不是我創造的，而是在遇到教學和研究上的問題之後，於網路上找到的答案。很多國內外的學習夥伴，無私地在網路上分享他們研究的心得、疑問和答案，我主要做的工作就是按照文字探勘研究的流程，把這些內容系統性地歸納在一起。

我對這本著作又愛又恨，恨它的原因主要是每次重讀都發現有錯誤，包括錯誤的描述和跑不出來的程式碼。客觀上，是因為 R 作為 open source 的程式語言，每個套件的作者都在更新和修改他們的功能，很多去年跑得出來的程式碼，今年就跑不出來了。主觀上，是我自己也在學習過程中，受限於知識，過去覺得對的描述，現在卻覺得是錯的或者不夠準確。因此，如果讀者發現了任何錯誤和值得探討的地方，都歡迎寫信給我（yuetan@mail.nsysu.edu.tw）。

我由衷感謝，如果沒有我認真、可愛又能幹的助理蘇靖雅，自己一定不可能完成這本書。感謝她細心的校對，使一堆雜亂的資料變成了一本書。也要特別感謝我之前的助理任軒立在資料爬取上所給的指教。還要感謝成大統計學系的李政德老師和中研院的江彥生老師，在我課堂上分別針對機器學習和社會網絡分析所提供的精彩演講，本書很多相關的內容都來自於兩位老師精辟的講解。最後，當然是感謝認真上課的同學們，在授課課程中給了我無數次省思的機會。

最後的最後，感謝愛我的上帝給我一切的資源和機會。希望這本書對你有幫助。上帝祝福你。

譚躍
2023 年 7 月 29 日於美國印地安納州布魯明頓市

目錄

Chapter 1

R 語言下載與設置

第一節　R 軟體下載

一、前言

　　許多程式語言可以進行文字探勘，本書透過 R 語言來操作基礎的文字探勘。R 是免費的編程軟體，且相比其他程式語言，較容易學習，適合本身沒有資訊工程背景的文科生。而本書的目標對象爲過去沒有編程經驗的讀者，以最深入淺出的方式，了解文字探勘。

　　R 語言提供許多免費的套件可以自行下載（如圖 1-1），這些套件的數量和種類日益增加。「套件」就是一些作者把針對某個功能（例如：某個資料分析的方法）的所有指令都寫好存在套件中，讓使用者只需要用簡單的指令就可以執行。這些套件的內容覆蓋許多學科領域所需要解決問題的各種方法（例如：資料分析）。而 R 也包含了許多統計分析套件，也是最多統計學者所使用的程式語言。

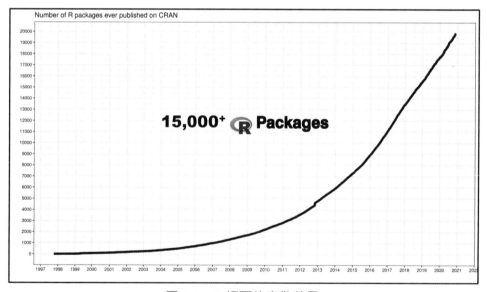

圖 1-1　R 裡面的套件數量

GitHub Gist (2021, November 21). Retrieved from: https://gist.github.com/daroczig/3cf06d6db4be2bbe3368#file-number-of-submitted-packages-to-cran-png

二、R 下載教學

　　R 是一個開放性的免費編程軟體（open source and freeware），可以從網站上免費下載（http://www.r-project.org/）。進入網頁後，點選 Download and Install R 的工作區，用戶可以依照電腦的作業系統進行下載（如圖 1-2 藍色框線區域）。

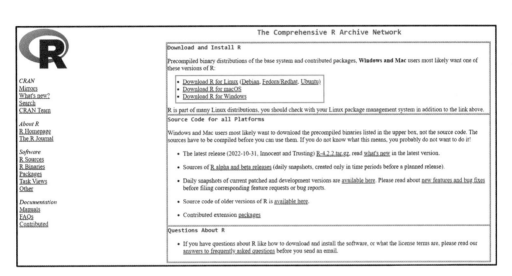

圖 1-2　點選作業系統（藍色框線區域）

R (2023, January 15). Retrieved from: https://cran.csie.ntu.edu.tw/

　　Windows 用戶請點選 install R for the first time（如圖 1-3 藍色框線區域）進行軟體下載；macOS 用戶請點選 install R for the first time（如圖 1-4 藍色框線區域）進行軟體下載。

```
                          R for Windows

Subdirectories:

base          Binaries for base distribution. This is what you want to [install R for the first time]
contrib       Binaries of contributed CRAN packages (for R >= 2.13.x; managed by Uwe Ligges). There is also information on third party software
              available for CRAN Windows services and corresponding environment and make variables.
old contrib   Binaries of contributed CRAN packages for outdated versions of R (for R < 2.13.x; managed by Uwe Ligges).
Rtools        Tools to build R and R packages. This is what you want to build your own packages on Windows, or to build R itself.

Please do not submit binaries to CRAN. Package developers might want to contact Uwe Ligges directly in case of questions / suggestions related to Windows binaries.

You may also want to read the R FAQ and R for Windows FAQ.

Note: CRAN does some checks on these binaries for viruses, but cannot give guarantees. Use the normal precautions with downloaded executables.
```

圖 1-3　Windows 用戶載點（藍色框線區域）

R (2023, January 15). Retrieved from: https://cran.csie.ntu.edu.tw/

R for macOS

This directory contains binaries for a base distribution and packages to run on macOS. Releases for old Mac OS X systems (through Mac OS X 10.5) and PowerPC Macs can be fou the old directory.

Note: Although we take precautions when assembling binaries, please use the normal precautions with downloaded executables.

Package binaries for R versions older than 3.2.0 are only available from the CRAN archive so users of such versions should adjust the CRAN mirror setting (`https://cran-archive.project.org`) accordingly.

R 4.1.1 "Kick Things" released on 2021/08/10

Please check the SHA1 checksum of the downloaded image to ensure that it has not been tampered with or corrupted during the mirroring process. For example type
`openssl sha1 R-4.1.1.pkg`
in the *Terminal* application to print the SHA1 checksum for the R-4.1.1.pkg image. On Mac OS X 10.7 and later you can also validate the signature using
`pkgutil --check-signature R-4.1.1.pkg`

Latest release:

R-4.1.1.pkg (notarized and signed) SHA1-hash: d0eed7d0755bc80911acb616508d41e1396f810e (ca. 86MB)	**R 4.1.1** binary for macOS 10.13 (**High Sierra**) and higher, **Intel 64-bit** build, signed and notarized package. Contains R 4.1.1 framework, R.app GUI 1.77 in 64-bit for Intel Macs, Tcl/Tk 8.6.6 X11 libraries and Texinfo 6.7. The latter two components are optional and can be ommitted when choosing "custom install", they are only needed if you want to use the `tcltk` R package or build package documentation from sources.

圖 1-4　macOS 用戶載點（藍色框線區域）

R (2023, January 15). Retrieved from: https://cran.csie.ntu.edu.tw/

第二節　介紹 R

一、R 介面與設置

開啟 R 程式後，可以看見它長得和一般的編程軟體一樣（如圖 1-5），一個閃爍的大於符號（>）等著用戶輸入程式碼。這個介面稱爲 R Console，Console 這個英文字的中文翻譯是「控制台」，也可以根據它的功能，直接叫它「指令區」。指令區就是電腦和用戶對話的地方。當用戶輸入一個指令時，電腦就會按照指令執行工作，並簡單回報執行的結果，或者回報指令有錯誤的地方。

```
R version 4.1.0 (2021-05-18) -- "Camp Pontanezen"
Copyright (C) 2021 The R Foundation for Statistical Computing
Platform: x86_64-apple-darwin17.0 (64-bit)

R is free software and comes with ABSOLUTELY NO WARRANTY.
You are welcome to redistribute it under certain conditions.
Type 'license()' or 'licence()' for distribution details.

  Natural language support but running in an English locale

R is a collaborative project with many contributors.
Type 'contributors()' for more information and
'citation()' on how to cite R or R packages in publications.

Type 'demo()' for some demos, 'help()' for on-line help, or
'help.start()' for an HTML browser interface to help.
Type 'q()' to quit R.

[R.app GUI 1.76 (7976) x86_64-apple-darwin17.0]

[History restored from /Users/yuetan/.Rapp.history]

> |
```

圖 1-5　R 介面

　　我們平時用的電腦操作介面通常是圖形化，可以讓用戶從圖中分辨意義，方便用戶操作。為了使電腦操作簡單化，RStudio 就是 R 的 GUI（graphical user interface）圖形使用介面，等於是在 R 的表面放了一個圖形化的操作介面。

第三節　RStudio 下載

一、RStudio 下載教學

　　RStudio 也是免費的開放軟體（http://www.rstudio.org/）。因為 RStudio 只是 R 的圖形使用介面，所以一定要安裝 R 之後，才能安裝 RStudio。進入網頁後，點選 Desktop 介面的 DOWNLOAD RSTUDIO DESKTOP（如圖 1-6 藍色框線區域）就可以進行下載。點選進入後，用戶可以依照自己電腦的作業系統進行安裝檔案的下載（如圖 1-7）。

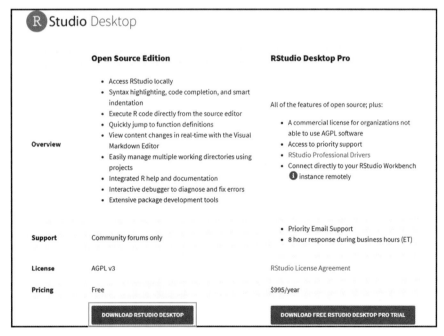

圖 1-6　載點（藍色框線區域）

RStudio (2023, January 15). Retrieved from: https://posit.co/download/rstudio-desktop/

All Installers

Linux users may need to import RStudio's public code-signing key prior to installation, depending on the operating system's security policy

RStudio requires a 64-bit operating system. If you are on a 32 bit system, you can use an older version of RStudio.

OS	Download	Size	SHA-256
Windows 10	⬇ RStudio-1.4.1717.exe	156.18 MB	71b36e64
macOS 10.14+	⬇ RStudio-1.4.1717.dmg	203.06 MB	2cf2549d

圖 1-7　點選作業系統下載（藍色框線區域）

RStudio (2023, January 15). Retrieved from: https://posit.co/download/rstudio-desktop/

第四節　介紹 RStudio

一、RStudio 介面與設置

　　打開後會看到四個窗口（如圖 1-8）。視窗的左下角是指令區，特點為輸出的指令會一直往上跑，舊的內容會一直被新的內容覆蓋，可以在裡面直接寫程式碼下指令。視窗的左上角是「程式區」，可以把指令紀錄下來並存檔，以便日後重新檢視。在「程式區」寫程式的方式是一個指令一行。R 與其他編程軟體相比的優點為：可以一次只跑一行指令。執行指令的方法是按 Run 綠色箭頭的按鈕（如圖 1-8 中的藍色框線區域），也可以直接用快捷鍵 control + enter 來執行。

圖 1-8　RStudio 操作介面

在程式區，程式碼通常是黑色的字。用戶也可以加入自己的註解，用「#」符號放在註解前面，就可以跟程式碼做區別，轉變為綠色字體（如圖 1-8 藍色虛線框線區域）。

如果電腦順利完成指令，會在 console 介面做簡單回報，字的顏色通常是黑色。若在執行程式碼時，電腦發現指令有錯誤，會用紅字回覆錯誤，這時用戶可以再根據電腦的提示修改程式碼。

當程式碼出錯，又不知道如何解決的時候，有許多方法可以得到幫助。可以直接在程式區或指令區詢問。常使用的功能包括 help() 和？()。例如：想了解 mean() 這個指令的意義和用法，可以直接輸入 help (mean) 或者 ?mean。

另外，在視窗的右上角是物件區、右下角是檔案區，具體的功能和操作方法會在第二章中詳細介紹。

小提示

如果仍然無法解決問題，可以尋找其他資源，例如：在 Google 上搜尋紅字對錯誤的回覆內容，或在類似 Stackoverflow（http://stackoverflow.com/）的社群上提出問題，通常會有熱心人士回覆。

Chapter 2

讀入與初步了解 R 資料

第一節　前言

　　程式碼為電腦能聽懂的語言。學習程式碼，就像學習英文單字一樣，經過日月的積累，就會越來越多，當能記住最基本的 100 個左右的基本用語，就可以較自由地與電腦對話了。至於較困難的詞，可以查查字典。透過邊用邊學，詞彙就會越來越豐富，表達起來就越來越自由。

　　R 自己本身所具有的程式碼，包含最基本的功能，稱為 Base R。Base R 中所包括的指令，不用安裝任何套件，R 就可以讀得懂，並且執行。

　　關於 Base R 的指令，建議下載 RStudio 線上免費的 Cheat Sheet（https://www.rstudio.com/resources/cheatsheets/），它包含 Base R 的主要指令，用圖形化的方式給予應用上的講解（如圖 2-1 及圖 2-2）。

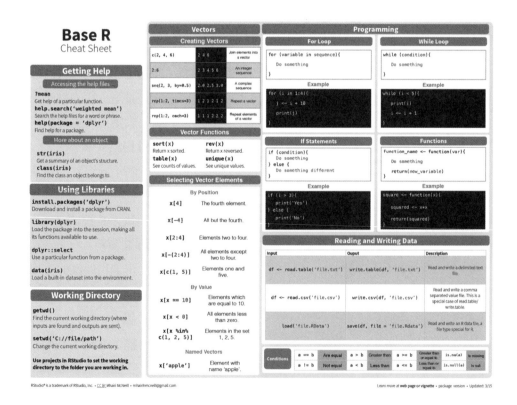

圖 2-1　Base R Cheat Sheet 的主要指令 -1

R (2022, July 1). Retrieved from: https://iqss.github.io/dss-workshops/R/Rintro/base-r-cheat-sheet.pdf

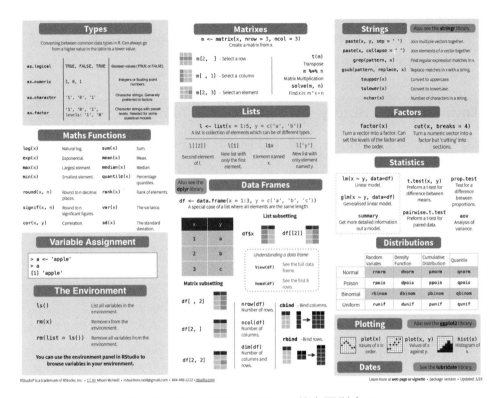

圖 2-2　Base R Cheat Sheet 的主要指令 -2

R (2023, July 1). Retrieved from: https://iqss.github.io/dss-workshops/R/Rintro/base-r-cheat-sheet.
pdf

第二節　設定 R 的工作環境

一、設定工作的編碼系統

　　文字探勘比較特別的地方，是以文字作為分析的資料。因為各國的文字不同，編碼系統就不同。即使同樣是中文，也需要統一成一致的編碼系統，才不會出現亂碼。一般來說，研究者會先告訴 R，所處的區域是哪裡，它就會自動轉換成那個區域最常見的編碼系統。R 的中文系統是 uni-code 6。程式碼如下：

設定區域

sys.setlocale(locale="cht")

RStudio 有四個窗口。左上角是程式區，左下角是指令區，詳細說明可以參考第一章。視窗的右上角是「物件區」，剛開始會呈現空白（如圖 2-3）。下述會先介紹「檔案區」，再對物件區進一步說明。

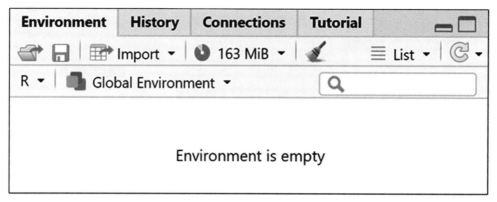

圖 2-3　物件區剛開始為空白

二、設定工作資料夾

如同一般的電腦操作一樣，當讀取資料的時候，需要告訴電腦在哪裡讀資料，也就是提供資料檔所在資料夾的路徑。比較特別的是，R 會在一個固定的資料夾中工作，這個固定的資料夾叫做「工作資料夾」。當你的程式碼沒有特別指定其他資料夾時，R 都在工作資料夾中工作，包括讀取舊檔案和儲存成新檔案。因此在讀取資料前，需要先設定工作資料夾。寫程式碼如下：

設定工作資料夾

```
setwd(" 路徑名稱 ")
```

用戶也可以在右下角檔案區 Files 這個菜單裡，用點選的方式（如圖 2-4）。

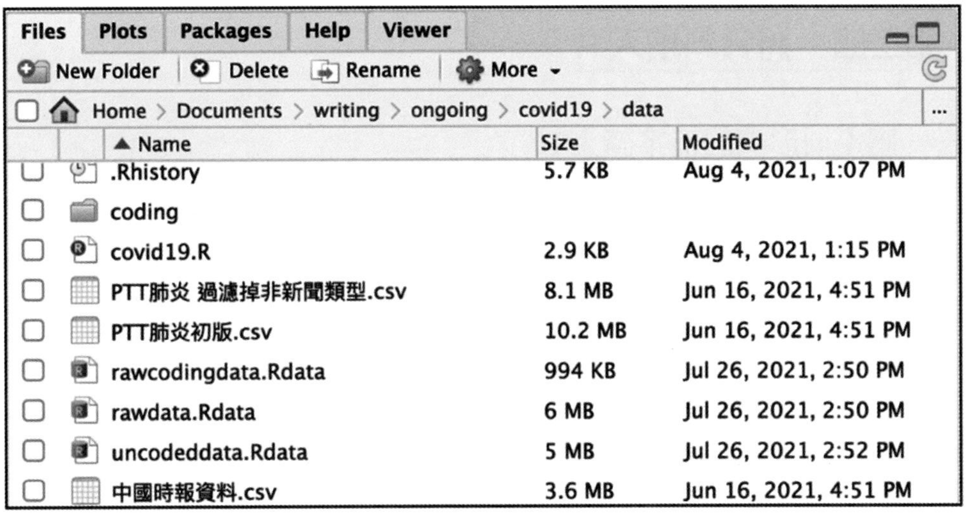

圖 2-4　R 檔案區介面

　　點選的目的地就是用戶要讀取資料的地方，這個地方還會成為默認的工作資料夾，電腦之後再讀取或儲存資料，都會在這個資料夾裡進行。進入這個資料夾後，就要把它設置成 Working Directory。先點選 More 的下拉菜單，然後選取 Set As Working Directory，這樣電腦就會記住這裡是工作資料夾，也就是它讀取和存儲檔案的地方了（操作方式如圖 2-5）。

圖 2-5　在 R 的檔案區設定工作資料夾（Working Directory）

第三節　將資料讀入 R

一、將不同形式的檔案讀入 R

　　一般大數據或進行文字探勘的資料，常常會存成 csv 檔，它本身是 data frame 的形式，每一列是一篇文章的資料，每一欄是一個資料的變項。將 csv 檔讀至 R 的程式碼為 read.csv()，() 內加上目標 csv 檔的名稱。它的好處在於可以用 Excel 開啟，並進行修改及儲存。但 Excel 會隨著不同使用者電腦系統的設置而設定中文的編碼類型，所以為了避免出現中文亂碼，建議第一次將 csv 檔讀入 R 後，儲存成 .RData。讀取各種不同形式的檔案需要對應使用不同的程式碼，具體如下：

讀取 csv 檔

```
read.csv("x.csv")
```

讀取 txt 檔

```
read.table("x.txt")
```

讀取 tab 檔

```
read.delim("x.tab")
```

讀取 SPSS 檔

```
read.spss("x.sav")
```

讀取 excel 檔

```
read_excel("x.xlsx",sheet=n)
```

* 註 1：x 為檔案名稱；n 為第幾個工作頁。

　註 2：在實際應用上，程式碼逗號後面的空格可有可無，不影響操作。

二、物件命名

　　R 是一種物件導向的語言。當把資料讀進 R 後，就會把這個資料放在一個新的物件名稱裡面，代表這個舊的物件。只要有被命名過的物件，都會出現在先前提及本來是空白的「物件區」中。

　　這個賦予物件新名稱（或者叫命名）的指令可以是「=」，也可以是用「<—」表示。左邊是新的物件名稱，右邊是舊的物件名稱。這個物件，可以是一個資料檔，也可以是一個變項或是一個值。如果是一個值，它可以是數字或文字，如果是文字，就要加引號，數字則不用。物件一旦有了新的名字，就可以在後面的程

式碼中直接叫這個物件的名字，針對它進行操作。

　　你可以叫某個物件任何名稱。在以下讀取 csv 檔的例子中，新名稱爲 d，它原本是舊的 csv 資料檔。具體程式碼如下：

讀取 csv 檔

```
d=read.csv("x.csv")
```

＊註：x 爲 working directory 中的 csv 檔案名稱；d 爲物件的新名稱。

三、執行 R 程式

　　R 程式碼的樣式爲一句一句，每一句都包含一個指令，若想要執行某一行的程式碼，就把游標移到這一句，然後按右上角的綠色箭頭鍵「Run」（如圖 2-6 藍色框線區域）。

圖 2-6　點選 R 程式區上方的 Run 來執行程式碼（藍色框線區域）

第四節　了解 R 資料

一、透過物件區的菜單鳥瞰

　　讀入某個資料後，物件區就會開始顯示所有的物件（object）。對於資料檔的結構，如果有資料分析或是統計學的背景，會比較容易理解。最簡單的資料結構的例子可以想像在 Excel 軟體中一般表單，對於一個資料檔，最需要了解的就是有多少個觀察值（observation）及多少個變項（variable）。Excel 表單中的列就類似於 observation，一筆一筆的資料；豎就是 variable，也稱爲變項或向量，用來描述這些 observations 的某種特徵。

　　在物件區，R 把這種格式的資料（物件）叫做 data（也稱爲 dataframe，或資料框），剛剛讀入的 d，就是一個 data。如果輸入的物件是 data，它的左邊會有一個藍色箭頭，點開它之後就可以看到具體的變項名稱和前面幾個觀察值的資料。如圖 2-7，當你點選藍色的下拉箭頭（藍色框線處）後，就看到這筆資料檔包括 10,450 個觀察值及 4 個變項，變項名稱分別是：date、title、article 以及 media。每個變項的名稱後面會先介紹它的類型，再顯示前面幾個觀察值針對每個變項的值。

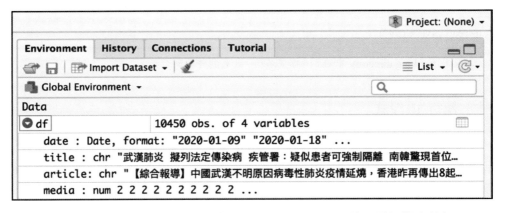

圖 2-7　R 物件區（藍色框線處下拉顯示變項名稱和前面幾個觀察值）

其中，我們看到這個資料檔中至少包括三種資料的類型，分別是日期（date）、文字（character）和數字（numeric）。R 的資料主要包括四種類型：邏輯（logical）、數字（numeric）、文字（character）和類別（factor）。邏輯型的資料只有兩個值，「True」和「False」，也叫布林代數（Boolean values）。類別型的資料跟文字資料的差別，在於它通常只具有少量的類別。而這些類別所代表的值，有時具有高低順序，數字越大，值越高，類似統計學中的順序變項（ordinal variable）。後面我們會看到，R 在分析資料的時候，會針對不同類型的變項給予不同的分析方法，所以通常需要先將變項更改成正確的類型才能分析。下一章，我們會更具體地介紹更改的方法。

二、指代資料中變項和觀察值

用程式碼來對物件進行操作前，要先了解 data frame 裡更具體的變項和觀察值。我們先介紹指代 data frame 中，變項和觀察值的方法。

（一）指代變項（vector／欄）

若是需要針對 data 中某個變項進行操作，需要在程式碼中指代它，可以透過變項的名稱或所在位置（第幾欄）的數字進行。以下圖 2-8 中，這個有三個觀察值和三個變項的 data frame（資料框）為例。針對左邊藍色資料檔中的變項 x 所有值（1~3），可以用 df$x，或者 df[[1]] 代表。

x	y
1	a
2	b
3	c

圖 2-8　選擇資料框中的 x 變項

（二）指代觀察值（observation／列）或具體的格（cell）

通常用數字指定 data 中某個格（cell）的位置時，用中括號 [,] 表示。要先說明觀察值的位置（第幾列），再說明變項的位置（第幾欄）。中括號裡面的第一個數字代表觀察值的列數，第二個數字代表變項欄位數。

以下面的圖為例。如果像圖 2-9 中，只想指第二個觀察值的所有變項的值，就要寫 d[,2]。如果像圖 2-10，只想指資料檔裡面所有觀察值的第二筆資料，就要寫 d[2,]。如果像圖 2-11，想指第二筆資料的第二個變項的值，就要寫 d[2,2]。

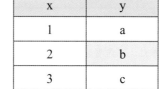

x	y
1	a
2	b
3	c

圖 2-9
指代的方法為 d[,2]

x	y
1	a
2	b
3	c

圖 2-10
指代的方法為 d[2,]

x	y
1	a
2	b
3	c

圖 2-11
指代的方法為 d[2,2]

三、描述 R 的資料特徵

（一）描述資料集（data frame）

因為物件區的內容有限，所以不會顯示全部變項的名稱，如果需要知道全部變項的名稱可以用以下程式碼：

列出所有變項名稱

```
names(d)
```

＊註：d 為資料檔名稱。

　　若要了解某個 data 最基本的描述性統計，可直接用 summary，加上這個資料集的名稱，它就會告訴你這個資料檔裡有多少個觀察值以及哪些變項、這些變項的名稱和類型為何。若是數字型（num）變項，還會給出最大值、最小值、平均值、遺漏值的數目等。

列出某個資料中所有變項的特徵

```
summary(d)
view(d)
```

＊註：d 為資料檔名稱。

　　另一種探索資料的方法，是看前幾筆觀察值的所有變項內容。例如：若要看 data 中前五筆資料的內容（所有變項的值）可以用 head，程式碼如下：

列出前五筆資料的詳細內容

```
head(d)
```

＊註：d 為資料檔名稱。

（二）描述變項特徵

　　Summary 是對某個資料特徵的總結報告。除了可以針對整個 data，還可以針對 data 中的某個變項，就類似於資料分析中的描述性統計。這時需要用到前面關於變項的指代，例如：這邊就可以直接在 summary 後面的 () 中加上「d$v」。「v」代表某個變項的名稱。

列出某個變項 v 的主要特徵

```
summary(d$v)
```

＊註：d 為資料檔名稱；v 代表某個變項的名稱。

　　對於連續的數字變項，我們常常會關心它的平均值（mean）和標準差（standard deviation）。

計算連續數字變項 v 的平均值和標準差

```
mean (d$v)
sd(d$v)
```

＊註：d 為資料檔名稱；v 代表某個變項的名稱。

　　數字變項還具有很多其他的數學特性，具體的計算方法可參考表 2-1。只要把其中的 (x) 變成想觀察的變項就可以了，例如：d$size。

表 2-1　數學函數程式碼

程式碼	意義	程式碼	意義
log(x)	log	sum (x)	總和
exp(x)	指數	mean(x)	平均值
max(x)	最大值	median(x)	中位數
min(x)	最小值	quantile(x)	百分位數
round(x, n)	四捨五入到 n 位小數	rank(x)	排序
sig.fig(x, n)	四捨五入到 n 個有效數字	var(x)	變異數
cor(x, y)	相關	sd(x)	標準差

　　關於類別變項，不同類別出現的次數，可以透過程式碼 table，了解各類別出現的頻率（frequency）。程式碼如下：

看類別變項 v 各個類別出現的頻率

```
table(d$v)
```

＊註：d 為資料檔名稱；v 代表某個變項的名稱。

四、以圖形呈現變項的特徵

　　圖形是一種透過視覺直觀呈現變項特徵的方式。一般來說，連續數字變項較適合使用折線圖呈現；而類別變項較適合用餅狀圖或柱狀圖呈現。具體程式碼如下：

點狀圖

```
plot(d$v)
```

＊註：d 爲資料檔名稱；v 代表某個變項的名稱。

柱狀圖

```
barlot(d$v)
```

＊註：d 爲資料檔名稱；v 代表某個變項的名稱。

餅狀圖

```
pie(d$v)
```

＊註：d 爲資料檔名稱；v 代表某個變項的名稱。

第五節　儲存資料

　　一旦對資料做了任何修改後，就可以將它們儲存下來，或另存成其他的資料格式（如表 2-2）。建議直接使用 R data 的資料格式，一方面可以避免亂碼，另一方面儲存和寫入都很方便。

表 2-2　讀入及儲存資料各種檔案格式

檔案格式	程式碼—讀入	程式碼—存檔
txt	**d**= read.table('file.txt')	write.table(**d**,'file.txt')
csv	**d** =read.csv('file.csv')	write.csv(**d**,'file.csv')
R data	load('file.Rdata')	save(**d**, file ='file.Rdata')

註：file 爲檔名。

Chapter 3

資料的初步清理：
使用 dplyr

第一節　前言

上一章我們熟悉了 R 的環境，並且試著把一個 R 的 code 檔案打開，將 csv 檔讀進 R，並對這個資料檔做了初步的探索，最後存成了 R 自己的資料格式 Rdata 檔。接下來，我們會對資料檔做一些簡單的清理，內容主要包括：重新排列、選擇變項、選擇觀察值、刪除變項、刪除觀察值、修改變項名稱、類型和重新編碼。首先，要把 Rdata 檔案讀進 R，程式碼如下：

讀取 R data 檔

```
load("file.Rdata")
```

一、安裝套件

R 為 open source 的編程軟體，大家可以撰寫具有某個功能（function）的程式碼，做成套件（package）並取名字，上傳到網站給大家免費使用。套件通常具有某些專門且複雜性的功能，為了大家的方便，讓大家可以透過套件簡單地進行應用。各種重要的套件都可以從 RStudio 的網站上下載。若要在 R 裡面使用這種套件，要先把它安裝到電腦，程式碼為 install.packages()，括號中加上那個 package 的名稱。名稱要用引號 R 才能辨識。然後 R 就會自己找到它並安裝，放在 R 的 library 裡面。安裝完成後，使用前還需要啟動這個套件。啟動套件的程式碼為 library()，括號中加上這個套件的名稱。每個套件只需要安裝一次，電腦中的 R 就會記住它。之後每次使用前，要先啟動。程式碼如下：

安裝套件

```
install.packages (" 套件名稱 ")
```

啟動套件

```
library ( 套件名稱 )
```

第二節　用 dplyr 整理資料

一、重新排列資料（遞增、遞減）

　　若要將現有的 observation 進行重新排序，在 Base R 中使用的程式碼為 sort()，它會按照某個變項的值將資料從小到大排列。若是想從大到小排列，就需要加上參數 decreasing=T。需要告訴它要排序哪個資料檔以及根據哪個變項，排序的順序要從大到小，還是從小到大，程式碼如下：

根據變項 v1 的值從小到大排列

```
sort(d$v1)
```

　　如果在 R 裡 run 這個程式碼，並將結果儲存，將發現 R 會把排列的結果直接存成一個列表（list）的格式，而非資料（data frame）的格式。接下來，我們要練習介紹一個重要的套件，名叫「dplyr」。它的主要功能就是針對 data frame，做各種資料的整理，也會將整理的結果直接存成 data frame。要使 data frame 按照某個變項的大小重新排序，我們常會使用 dplyr 中的 arrange()，而非 base R 中的 sort()。

根據變項 v1 的值從小到大排列

```
arrange(d,v1)
```

根據變項 v2 的值從大到小排列

```
arrange(d,desc(v2))
```

二、選擇資料

（一）選擇變項

　　有時候 data frame 包括很多變項，用戶可能只需要其中幾個變項。因此可以先選擇自己需要的變項，再進行後續的分析，更多選擇變項的方法可以參考

cheat sheet。程式碼如下：

選擇一個變項 v1

```
select(d,v1)
```

選擇多個變項，例如：v1-v3

```
select(d,v1:v3)
```

選擇除了 v1 以外的其他變項

```
select(d,-v1)
```

選擇除了 v1-v3 以外的其他變項

```
select(d,-v1:v3)
```

（二）選擇觀察值

1. 定位

　　定位的方式如同上一章提及。舉例來說：d[1:10,] 的意思為前十個觀察值，而 d[1:10] 的意思為所有觀察值從第一個變項開始的十個變項。

定位：前十個觀察值

```
d[1:10,]
```

定位：第 n 個變項

```
d[,n]
```

2. 根據某個條件過濾 filter

　　常用的程式碼有兩種，為 filter 和 subset。過濾的時候要先知道是根據哪個變項的哪個值來設定過濾的條件。設定條件的方式有很多，可以參考表 3-1 過濾及設定篩選條件。最常用的程式碼如下：

過濾

```
filter(d,v1==1)
```

* 註：假設要過濾 v1 這個變項中，數值為 1 的觀察值。

設定篩選條件

```
subset(d, v1>10 & v2<3)
```

* 註：假設要篩選 v1 大於 10 且 v2 小於 3 的觀察值。

表 3-1　設定條件符號

符號	意思	符號	意思
<	小於	!=	不等於
>	大於	%in%	包含
==	等於	is.na	Na
<=	小於等於	! is.na	非 Na
>=	大於等於		

小提示

在給一個新的物件名稱時會使用「=」，所以數字上的相等概念，就不再使用「=」，而是該用兩個等號「==」。

3. 選擇一個隨機的樣本

　　若內容資料很多，要對人工內容編碼的樣本進行抽樣，或是做編碼員間的信度檢定，都需要共同編碼一個比較小的樣本，通常都需要隨機樣本。以下介紹三種常用的方法：隨機、系統抽樣和抽樣最重要的觀察值。系統抽樣，一般為按照時間排序後，間隔一個固定的數字，取一篇文章，這樣可以保留時間分配的平均性，適合看某個內容變項隨時間改變的趨勢，程式碼如下：

完全隨機挑 100 篇

```
sample_n(d,100)
```

每 5 篇挑一篇，存在新的物件 d1

```
d1=d %>%
filter(row_number() %% 5 == 1)
```

常常有研究為了縮小人工編碼的數量，只選取最受歡迎或者版面最重要的貼文或文章，這時就可以透過某個變項來選取觀察值，程式碼如下：

取變項（v1）最大的十個值

```
top_n(d,10,v1)
```

三、刪除資料

（一）刪除變項

使用 select 不選擇某變項是一種刪除的方法，也可以讓它直接等於 null 刪除。例如：Windows 讀取 csv 檔進來 RStudio 時，都會加一個變項 X，從 1 開始，作為每個 observation 的序號。如果不需要，就可以直接刪除，刪除變項的程式碼如下：

刪一個變項 v1

```
d$v1=NULL
```

（二）刪除重複資料

一般清理資料的時候會觀察是否有重複的資料，可能是抓資料的時候重複抓取某些觀察值，只需留下不重複，也就是變項值不同的觀察值。使用 unique 對照每一行每個變項、不同變項的值，比對有一模一樣的資料清理掉。程式碼如下：

刪除重複的貼文或文章

```
d=unique(d)
```

（三）刪除觀察值

刪除某變項

```
d=d[-c(1:3)]
```

＊註：刪除從第一個變項開始的三個變項。

刪除有遺漏值的變項

```
d=na.omit(d)
```

刪除某個變項有遺漏值的觀察值

```
d1=d[!is.na(d$v1)]
```

刪除太短的貼文

```
d$size = nchar(d$content)
d1 = d %>%
    filter(size>=80)
```

＊註：先用 size 算文章內容 content 的長度，並假設刪除文章長度大於等於 80 的貼文。

小提示

這裡出現一個 dplyr 專用的符號「%>%」，英文稱為 pipeline。它可以針對一個物件重複進行多個動作，讓程式碼看起來較簡單易讀，詳細可以參考表 3-2 pipeline 解釋。

四、修改變項

最常修改的方式包括改變變項的名稱、類型、增加數值的文字標籤、定義遺漏值和對數值重新編碼。

（一）改變變項名稱

若想要將舊變項換一個名稱，可以使用以下的程式碼：

將變項名稱從 v1 改為 v2

```
d=rename(d,v2=v1)
```

（二）改變變項類型

量化研究的主要方法就是用數字代表概念，但是數字背後所代表的類型可能是類別（factor）、數字（numeric）和文字（character）。像所有的統計軟體一樣，當處理資料的時候，R 會根據變項類型決定使用哪種統計分析方法，或判斷某種指定的統計分析方法是否適合，若不適合，就會出現錯誤提示。所以，通常在進行統計分析前，要先更改變項到正確的類型。程式碼如下：

將 v1 的類型改為類別變項

```
d$v1=as.factor(d$v1)
```

將 v1 的類型改為數字變項

```
d$v1=as.numeric(d$v1)
```

將 v1 的類型改為文字變項

```
d$v1=as.character(d$v1)
```

（三）增加標籤

　　有的類別變項可能只有數值，但沒有說明數值代表類別的標籤，可以使用下面的方法自行增加：

為 v1 的兩個數值增加標籤 1 和標籤 2

```
d$v1=ordered(d$v1, labels=c("label1", "label2"))
```

（四）定義遺漏值

　　通常有些觀察值的某些變項會有遺漏值，為空格或一些代表空格的數字（例如：99）。如果有空格，R 會拒絕計算，若是特殊的數字，R 會直接把它作為正常值計算，所以要事先告訴 R 遺漏值是什麼，這樣 R 計算的時候會自動排除遺漏值。程式碼如下：

將 v1 中的 99 定義為遺漏值

```
d$v1[d$v1==99]=NA
```

　　如果空格本身代表的意義就是 0，可以直接讓空格等於 0。使用的程式碼如下：

讓 v1 中的空格等於 0

```
d$v1[is.na(d$v1)]=0
```

讓 d 中所有變項中的空格都等於 0

```
d[is.na(d)]=0
```

（五）重新編碼

　　在資料分析中最常使用的一個功能叫做重新編碼，若對於原先的分類方法不滿意、或者數值不滿意，通常有兩種重新編碼的方法：一種是重新編碼到舊變項裡面，舊的編碼系統被新的所取代；另一種方法是建立一個使用新編碼系統的新變項，保留舊的變項。

改變變項並新增標籤

```
rec(d$v1, rec= "old1, old2=new1; old3, old4=new2; else=new3", val.labels=c("label1", "label 2", "label 3"))
```

* 註：舊變項 v1 中的舊值 old1 和 old2 改爲新值 new1；old3 和 old4 改爲新值 new2；其他舊值都改爲 new3，並爲三個新值增加標籤 label1、label2 和 label3。

新增變項

```
mutate(d, v2=recode(v1, "old1"=new1, "old2"=new2) )
```

* 註：將 v1 的舊值 old1 和 old2 存成新變項 v2 的新值 new1 和 new2。

五、概括內容資料（樣本）的特徵

　　dplyr 還具有概括資料的能力。這種功能像是一般的描述性統計分析，但是它可以配合其他的變項（通常是類別變項）分組進行。對於類別變項最常用的統計方法是計算出現次數，之前我們用 table() 計算；對於數字變項最常用的統計方法是計算總數和平均值，之前我們用 sum() 和 mean() 功能進行。假設 v1 是類別變項，v2 是數字變項，在 dplyr 中對應的程式碼如下：

計算 v1 中不同類別出現次數

```
count(d,v1)
```

　　count 這個功能會根據你選擇的這個類別變項 v1，計算出每一個獨特值的數量。而這個程式碼，還可以調整參數 sort。若 sort 等於 true(sort=T)，結果就可以根據出現次數的頻率進行排序。計算某個變項的平均值的程式碼如下：

計算 v2 中所有數字的平均值

```
summarise(d,avg=mean(v2))
```

　　若想知道樣本中新聞報導的平均長度，可以使用 summarise，程式碼如下：

計算文章平均長度

```
summarise(d,avg=mean(size))
```

六、分組處理的功能

舉例來說：若想知道每個媒體報導新聞的平均長度，就可以搭配使用一個新的程式碼叫 group_by。它可以先根據媒體這個變項不同的值先將它分組，之後再計算每一組新聞報導的平均長度。

因為這個任務需要按照先後執行兩種不同的命令，所以需要使用到 dplyr 另一個功能，就是 pipeline，符號用 %>% 表示。Pipeline 中文翻譯為水管，就像是用水管把不同的部分連結在一起。傳統的程式碼例如：C++、Python 都是寫完幾百行指令之後，一起執行。Pipeline 就有類似的功用，可以把不同的指令寫在一起，針對同一個物件做好幾件事，進行連貫性的操作。對於 pipeline 的解釋可以參考表 3-2。若假設要計算不同媒體新聞報導的平均長度，程式碼如下：

計算不同媒體新聞報導的平均長度

```
d %>%
  group_by(v1) %>%
  summarise(avg=mean(size))
```

* 註：假設 v1 爲不同媒體新聞之類別變項。

表 3-2　pipeline 解釋

程式碼	意義
x %>% f(y)	f(x,y)
y %>% f(x,y,z)	f(x,y,z)

小提示

分組除了具有概述的功能之外，還可以搭配各種其他功能，例如：subset 中 top_n 等。

Chapter

4

資料的進階清理

第一節　前言

在上一章使用套件 dplyr，對 R 的資料檔進行了初步的清理。而在這一章節，會先介紹如何使用 dplyr 套件進行進階的清理，然後再專門介紹如何清理文字資料（strings）。另外還要介紹三個新的套件：專門計算 inter rater reliability 的 irr 套件；專門處理圖形的 ggplot2 套件；針對時間變項進行處理的 lubridate 套件。

第二節　增加變項

通常原始內容資料檔中的變項都不會很多，或者還需要新增一些變項。這裡介紹三個增加新變項的方法：直接產生並賦值、從舊變項產生和從文字變項（strings）中提取。

一、直接產生並賦值

增加新的變項，若從無到有就要先告訴 R 新變項的名稱，以及裡面要放的值。一般情況下，會先給它一個數字或一個文字。程式碼如下：

新變項全部一樣的數字值 y

```
d$v1=y
```

＊註：v1 為變項；y 為填入所有觀察值的新數字。

新變項全部一樣的文字值 xxx

```
d$v1="xxx"
```

＊註：v1 為變項；xxx 為填入所有觀察值的新文字。

在內容分析時，文章的編號很重要。通常樣本中每篇文章都要有一個 id，這樣才容易找到它。若中間有進行一些排序、轉換或過濾，原本排列順序就會發生變化。但如果想看某一篇文章的內容，若知道它的 id，即使新資料檔裡面已經沒有原來的整篇文章了，還是可以根據它的 id，從原始的資料檔中找出來。另外，不同的資料進行合併的時候，只要有原始的 id，電腦就可以輕易地進行。將為每篇文章增加一個 id，兩個方法的程式碼如下：

增加 id

```
mutate(id=row_number())
seq.int(nrow(d))
```

二、從舊變項產生

大多數情況，新變項會從舊變項產生，使用的程式碼為 mutate。產生的過程有兩種：一種是重新編碼、另外一種是根據舊的變項值，計算出一個新變項，程式碼如下：

根據舊的變項值，計算產生新變項 d1

```
d1=mutate(d, v3=v1+v2)
```

透過對某個舊變項重新編碼，產生新變項 d1

```
d1=mutate(d, newv=recode(oldv,"old1"=new1,"old2"=new2))
```

* 註：newv 為新變項；oldv 為舊變項。

三、從文字變項（**strings**）中提取

還有一種重要的方法就是從文字中產生新變項，常使用在計算文字變項的長度。通常這個文字變項可以是標題，也可以是內文。具體的程式碼如下：

計算文字變項 v1 的長度，產生新變項 v2

```
d$v2 = nchar(d$v1)
```

文字變項的長度常常可以用來幫助我們對文章進行簡單的篩選。可以先用 summary 了解文章長度的基本分配，能觀察到最長的文章、最短的文章（有些貼文裡面可能根本沒有字，等於 0）、平均值和標準差。決定了要篩選的範圍後，

就可以用 filter 進行篩選。以下舉例篩選 80 個字以上的文章，程式碼如下：

刪除少於 80 個字的貼文

```
d1 = filter(d, size>=80)
```

註：size 為自定義變項。

第三節　清理文字資料（strings）

一、strings 的清理功能介紹

除了 nchar() 的功能外，base R 還有針對文字變項（strings）的清理功能，最常用到的三個功能，分別為「查找」、「替換」和「黏貼」，相關的文字變項清理功能可以參考表 4-1。

表 4-1　文字變項清理功能

程式碼	意義
paste(x, y, sep = ' ')	將多個文字變項黏貼在一起
paste(x,collapse =)	新增物件並連接向量
grep(pattern,x)	在 x 中查找 pattern
gsub(pattern, replace, x)	用字串替換 x
toupper(x)	轉換為大寫字母
tolower(x)	轉換為小寫字母

二、查找

「查找」有點像我們平時在檔案裡使用的「find」，最重要的應用就是可以從文字變項（strings）中提取出新的變項。透過找到文字變項中的一個（或一組）關鍵字，它可以把所有的觀察值（文章）分成含有某個關鍵字及不包含某個關鍵字。透過產生一個具有兩個值的新變項（1= 含有某個關鍵字、0= 不包含某個關鍵字），就可以很輕易地針對這兩類不同的文章進行後續的處理。程式碼如下：

查找指定列表

```
p=grep("xx1|xx2",d$string)
```

＊註：從文字變項 strings 裡，找到有關鍵字 xx1 或者 xx2 出現的觀察值的位置，並製成列表 p。

根據這個列表 p 中的位置產生新的變項 v1

```
d[p,]$v1=1
```

＊註：在新變項 v1 中，p 位置對應的觀察值都被賦值爲 1。

有了新的變項 v1 之後，可以用 table 觀察大概有多少篇文章含有 xx1 或者 xx2 這兩個關鍵字。之後就可以用 filter 或者 subset 根據（v1=1）的條件，另存爲一筆新的資料。

三、替換

「替換」功能使用的程式碼爲 gsub。方法有點像我們平時 office 檔中使用的 replace（代替）的功能。程式碼中，第一個引號裡面爲舊內容，第二個引號裡爲替換成新的內容，然後再告訴 R 需要針對哪個資料集裡面的哪一個變項。這個功能最常應用的情況就是統一同義詞，或者是替換掉多餘的詞，具體的程式碼爲：

替換

```
d$v=gsub("xx1","xx2",d$v)
```

＊註：針對 v 這個變項，用 xx2 替換掉 xx1。

刪除

```
d$v=gsub("xx1","",d$v)
```

＊註：針對 v 這個文字變項，刪除內容 xx1。

根據研究的需要，另外一些常常需要替換掉的內容包括：

清理 PTT 貼文中的輸入鍵

```
d$v=gsub("\n","",d$v)
```

清除數字

```
d$v=gsub("[0-9]","",d$v)
```

清除英文

```
d$v=gsub("[a-z]","",d$v)
```

清除特殊符號

```
d$v=gsub("#.*?|#.*$","",d$v)
```

清除標點符號

```
d$v=gsub("[[:punct:]]","",d$v)
```

＊註：v 爲文字變項。

四、黏貼

文字的「黏貼」（paste）功能也非常重要。有時候讀進來的資料並非整篇文章，而是一段或是一句的文字，因此就需要把不同的觀察值黏貼在一起。有時候網路貼文的字數太少會影響機器學習的效果，例如：LDA 就無法有效地辨認其中的主題，因此同一作者相近時間發表的內容就可以黏貼在一起，甚至同一篇主文所有的回覆內容也可以黏貼在一起。但是這種情況並不多見，因爲黏貼後，資料的觀察值就會變爲一個。比較常遇到的情況是，先將資料按照媒體（或是作者、書名、主文的編號、發文時間等特徵）用 dplyr 中的 group_by 進行分組後，再進行黏貼，這樣黏貼後的觀察值就會跟分組的數量相同。程式碼如下：

黏貼變項

```
paste(d$v, collapse = ' ')
```

＊註：把變項 v 所有的內容黏貼在一起，舊的內容之間用空格連結。

黏貼變項並存成新變項

```
d1 = d %>%
  group_by(v1,v2) %>%
  summarise(new = paste(v3, collapse = "。"))
```

＊註：先根據 v1 和 v2 兩個變項分組，再把 v3 中的文字黏貼在一起，以句號分隔。新變項的名稱叫 new。

第四節　編碼員間編碼信度

在人工內容分析的研究中，通常爲了確保編碼信度，會計算不同編碼員在編碼相同內容結果的一致性。開始的時候，會先隨機抽取全部樣本 15% 左右的文章，再分別進行交叉重新編碼。最後使用統計公式，計算不同編碼員針對每個變項編碼結果的一致性。在電腦內容分析中，爲了確保電腦的編碼效度，通常會計算人工編碼員和電腦編碼結果之間的一致性。

一、隨機抽取樣本

在第二章有提及如何隨機抽取計算編碼信度的文章樣本，通常有完全隨機和系統性隨機兩種方法，詳細請參考 p. 26 的程式碼。

二、交叉編碼

編碼員單獨針對文章內容和編碼定義對文章進行編碼。將不同編碼員的編碼結果並列在一起，就如同每個人的結果是一個變項。系統再爲每一個變項及其所對應編碼員（或者電腦）的編碼的結果存成一個單獨的 data frame。若在 R 操作，可以先讀入所有的編碼結果，然後再用 select 的功能選取每一個變項所對應 n 個編碼員的所有結果。

三、計算編碼員間信度或電腦與編碼員間效度

R 有一個專門的套件是用來計算不同評價者之間的信度，也可以應用在人工內容分析和電腦內容分析的研究中，這個套件名叫 irr（inter rater reliability）。因爲內容分析的變項被賦予數字時，採用了不同的測量等級（measurement level），可以是類別（categorical, nominal）、順序（ordinal）、連續變項（interval, ratio, continuous）。同一變項因爲測量等級不同，且編碼員達到一致性的難度有所不同，造成一致的結果的機率也會不同。因此，對於不同的測量等級，有不同的計算編碼信度的公式和指令，程式碼如下：

編碼員一致的百分比（不考慮機率）

```
agree(d)
```

兩個編碼員類別或順序變項	兩個或以上編碼員連續變項
kappa2(d)	icc(dc)

多個編碼員類別變項	各種情況（最適合連續變項）
kappam.fleiss(da)	kripp.alpha(da)

第五節　畫資料的時間序列圖

一、介紹

　　在使用電腦內容分析的研究中，通常會呈現分析樣本的時間序列圖，又稱為趨勢圖。x 軸是日期，y 軸是每一天的報導量或者發文量，所以也可以稱為討論熱度或聲量圖（如圖 4-1）。

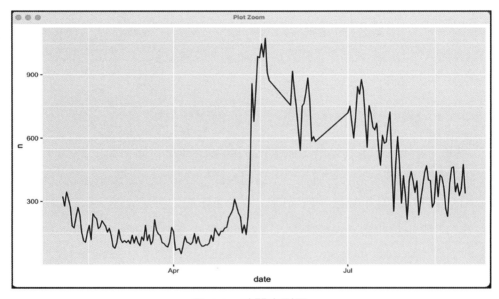

圖 4-1　時間序列圖

二、計算每天的報導量

　　在畫圖前首先要讓 R 計算每一天的報導量或討論量，可以使用 dplyr 裡面的 count 功能，計算出每天（date 為範例變項）的 observation 的值，經過 count 後，舊的分析單位就會消失，所以通常會存在新的資料檔 d1（範例物件）裡。物件區出現了 d1，觀察值一共有 186 天。第一個變項是 date，第二個變項是 n，n 就是每天報導的數量（如圖 4-2）。

```
R ▾    🌐 Global Environment ▾                                    🔍
Data
● d                              65445 obs. of 10 variables
     $ title     : chr  "曾和確診者同桌用餐高雄2警居家隔離" "曾和確診者同桌用餐高雄2警居家
     $ content   : chr  "高雄市2名員警，1月底因為曾和新冠肺炎確診者同桌吃飯，經足跡確認後，
     $ date      : chr  "2021-02-07" "2021-02-07" "2021-02-07" "2021-02-07" ...
     $ talklength: int  4 1 0 1 2 0 0 0 11 0 ...
     $ positive  : num  0.2 0.2 0.3 0.4 47.8 26.5 73.8 49.5 0 0.2 ...
     $ negative  : num  0.3 0.3 4.7 50 21.3 49.9 0.4 1.1 0 37 ...
     $ netural   : num  99.5 99.5 95 49.6 30.9 23.6 25.8 49.4 100 62.8 ...
     $ sentiment : chr  "中立" "中立" "中立" "負面" ...
     $ link      : chr  "https://today.line.me/tw/article/x6vMQ6" "https://news.
     $ media     : chr  "LINE TODAY" "TVBS新聞" "TVBS新聞" "yahoo新聞" ...
● d1                             186 obs. of 2 variables
     $ date: Date, format: "2021-02-01" "2021-02-02" ...
     $ n   : int  323 278 345 311 273 183 174 225 271 237 ...
```

圖 4-2 　時間序列範例（藍色框線處）

三、定義時間變項

第二步還需要告訴 R，date 這個變項並不是單純的文字，而是日期。Base R 沒有轉換變項類型為日期的功能，所以需要使用 lubridate 套件來定義日期的功能，程式碼如下：

啟動套件

```
library(lubridate)
```

將 date 變項定義為按照年月日排列的時間變項

```
d$date=ymd(d$date)
```

日期的特性就是包含年、月、日、小時、分鐘和秒，甚至時區等。即使都在台灣，一般的資料檔紀錄時間的方法都不太一樣，組成、順序和中間的分隔符號也是大有不同。

四、使用 **ggplot2** 畫圖

先前的章節中提到畫圖最簡單的指令為 plot，但是它的功能非常有限，所以本節介紹一個新的套件為 ggplot2。

雖然 R 的圖像化功能很強，但是需要很複雜的程式碼來定義，因為圖形本身有字、有圖形、有座標，且每種東西都有顏色、形狀、大小和字體等屬性，需要設定的參數非常多。因此，如何具體地設定這些參數，建議參考它的 cheat sheet。ggplot2 程式碼如下：

啟動套件

```
library(ggplot2)
```

曲線圖

```
ggplot(d1,aes(x=date,y=n))+geom_line()
```

＊註：使用資料檔 d1 中的 date 變項做 x 軸，n 做 y 軸，製作曲線圖（完成圖可以參考圖 4-1）。

本章節只介紹 ggplot2 中最簡單且最基本的語法，告訴 R 是根據哪個資料檔、哪個變項做 x 軸的值、哪個變項做 y 軸的值。之後所有的細節都用「+」號，自行增加。具體而言，aes 括號裡面已設定 x 軸和 y 軸分別是哪兩個變項，就可以畫成完整的圖，但是會相對簡陋。不過已經有了最基本的元素，想再美化，把點替換成線，可以在後面加上 geom_line() 的指令。

通常還會給圖加一個 title 為 ggtitle()，再用 xlab() 在 x 軸下面加一個標籤為日期，用 ylab() 在 y 軸下面加一個標籤為發文量。

如果電腦和 R 默認的中文編碼不同，圖中的中文就會出現亂碼，變成很多方塊。所以，需要再增加一個參數叫 theme。這個 theme，是要透過 family=""，告訴 R 使用電腦有的一個字體庫。如果 family 後面指定的字體庫裡面沒有的話，就無法正確的顯示。另外，字體本身的名稱還根據電腦的操作系統和中英文的差異，所以需要先查好再填寫。例如：mac 電腦可以在字體簿（Font book）的功能裡面查找和設置字體。另外，facet_wrap 這個指令，它可以根據某個類別變項，先分組再畫圖。

執行完畫圖的指令後，完成圖會出現在右下角的檔案區。但是視窗太小，會

看不清楚。這時候就可以用 Zoom 的功能，在新打開的視窗中觀察放大後的圖形（如圖 4-3），也可以使用 Export 功能輸出圖形的檔案，用其他軟體進行後續處理。

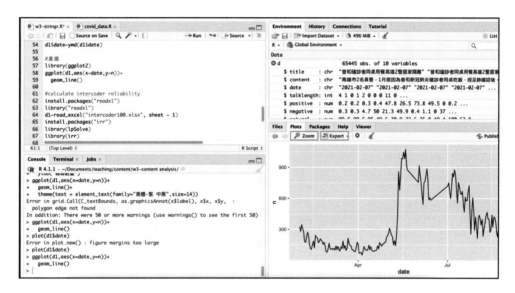

圖 4-3　R 畫圖介面（Zoom 及 Export 如藍色框線處）

Chapter

5

斷詞和詞頻

第一節　前言

先前的章節，都是在熟悉 R 以及資料框（dataframe）的整理。這一章節則會進入正式的文字探勘分析，主要內容包括中文的斷詞和詞頻分析。

如果要進行文字探勘的研究，在斷詞和詞頻分析之前，通常還會做一些準備的工作，包括：人工檢查並確認文集（也稱為語料庫—corpus）裡面文章的主題相關性；準備一個適用於所分析文集內容領域的用戶字典；使用上一章中的「替換」功能，清除一些常見的拼寫錯誤或同義詞；其他狀況可能還包括轉換簡體字和繁體字。

使用上一章所練習的程式碼可以對資料檔進行一些重要的清理，包括：刪除重複的文章、刪除過短的文章、刪除無用的變項、建立新的變項、更改變項名稱、更改錯誤的變項類別（例如：時間變項）和對一些變項重新編碼。

另外，如果文字資料並非是需要的分析單位，還需事先轉換分析單位。有時文字資料讀進來可能每個觀察值是一句或一行字，如果想用每個章節做分析單位，就需要使用上一章中的「查找」或「黏貼」功能，先進行分割或者合併。

特別的是，因為中文的詞和詞之間沒有空格，因此還需要一個額外的斷詞過程。本章主要介紹兩種斷詞的方法：一種是使用 tidytext 套件中的 unnest_tokens() 指令；另一種是使用 jiebaR 套件中的 segment() 指令。

而詞頻分析的應用大概可以分為兩大類，一類是描述一整個文集，另一類是透過詞頻比較不同文集之間的差異，在這個章節會詳細介紹。

第二節　斷詞

一、基本概念介紹

電腦內容分析跟人工內容分析有個很重要的區別，在於它們的分析單位不一樣。人工內容分析的單位是每一篇文章，而電腦內容分析的單位是每個字或詞，可以叫它 word，也可以稱為 term 或 token，中文也可以稱其為字彙。

一般從 csv 檔裡讀進 R 的是文集，一個觀察值便是一整篇文章。文章所有的內容是一個獨立的變項，一般來說就是一堆文字。此外，還有一些關於這些文章屬性的變項（例如：作者、日期），英文稱為 metadata。

因為電腦分析的是一個、一個的詞，所以在分析之前中文會先進行斷詞。

　　斷成詞後，分析的單位就會改變，一般來說原先文章的 metadata 就會消失。但 tidytext 套件的優點，就是它有一種檔案格式叫做 tidy format，在斷詞後，以每個詞作為一個分析單位時，還會保留 metadata。因為一般研究的研究問題和假設還是關於文章或者文集的特性，最終將會以詞為基礎的分析結果，再次轉換到文章的層次，例如：分析一篇 100 字的文章裡面有 20 個正面情緒詞，意思為這篇文章正面情緒的分數是 20%，而後續這個變項就可以跟其他的變項之間建立關係，因此保留 metadata 對於後續的分析非常方便。tidy format 本身是一個「詞的列表」，翻譯過來也可以稱它為「乾淨的詞表」。

　　本來文章所有的詞是連在一起，所以電腦在分析之前會先把這些詞，分成一個一個獨立的詞。電腦本來不認識這些字詞，也不知道應該如何斷詞，但它背後其實有一個所謂的「詞庫」或者叫做「字典」，電腦會對照這個詞庫來進行斷詞。針對每一個字，電腦會先判斷這個字，是不是一個單獨的詞；如果是，它還會再看這個字跟它後面緊鄰的字合在一起，是不是一個單獨的詞；如果又是的話，就繼續看，直到緊鄰的幾個字不足以成為一個單獨的詞為止，之後電腦就把前面緊鄰的幾個字所構成的詞給斷出來。一般最常見的詞是兩個字，但中文也會有更長或更短的詞。舉例來說：若詞庫裡有「說明會」這個詞，它就會斷成「說明會」；但如果沒有，它就會斷成「說明」+「會」；如果詞庫裡也沒有「說明」這個詞，它就會斷成「說」、「明」、「會」。另外，如果詞庫裡這三個詞：「說明會」、「說明」和「說」都有，但你希望優先斷成「說明」+「會」，你還可以特別設定「說明」這個詞的權重高於「說明會」。但一般來說，長詞的權重會高於短詞。

二、使用 tidytext 的 unnest_tokens 指令斷詞

　　因本身就有中文字庫，所以 tidytext 這個套件可以直接針對中文斷詞。安裝完以後，再用 library 將它啟動，程式碼如下：

下載 tidytext 套件

```
install.packages("tidytext")
```

執行 tidytext

```
library(tidytext)
```

tidytext 斷詞的指令爲：unnest_tokens（解開詞）。它除了可以把文章變成詞，也可以變成 bigram、trigram、句子、一段文字。如果要斷詞，後面的第一個參數爲 word。然後告訴電腦，針對哪個資料檔（d）中的哪個文字變項（v1）斷詞，程式碼如下：

針對 v1 進行斷詞

```
unnest_tokens(word,d$v1)
```

斷詞會花比較久的時間，因爲它的工作量比較大。通常會把斷詞的 tidyformat 存成一個新的物件（例如：範例爲 td）。td 與 d 相比，新增了一個變項 word，因爲讓它變成詞了。這時資料的觀察值也不再是 65,445 篇文章，而是 22,881,284 個詞。同時可以看到，tidytext 還有保留所有的 metadata，也就是所有的文章層面的變項資料（如圖 5-1）。

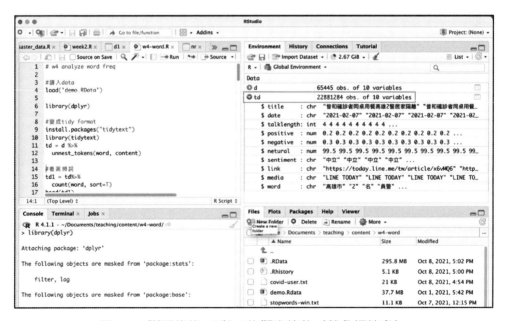

圖 5-1　斷詞後的 td 與 d 的觀察值數（藍色框線處）

三、計算詞頻

用 tidyformat 計算詞頻可以使用前章節學過 dplyr 中的 count 指令。count 就是針對一個類別變項，計算觀察值的數量，功能類似於 table，但更容易排序。如果是針對 word 這個變項，其實就是計算每個詞出現的頻率。通常我們還會搭配 sort=T 使用，也就是詞按照詞頻的數量從大到小排列。如果沒有存成新物件，則會在左下角的 console 視窗直接出現前十名的詞頻的排列。

計算變項 word 的詞頻

    count(word,sort=T)

看 n 變項的前十名

    top_n(td1,10,n)

* 註：td1 為 word 經過 count 之後的物件（如圖 5-2）。

td 本來有 22,881,284 個詞，經過計算詞頻，會變成以每個獨特的詞作為其觀察值的 dataframe。如果要保存結果，就要存成新的物件（如範例 td1）。例如：在範例中 td 變成了新的物件 td1，變成了 94,999 筆觀察值和 2 個變項（分別為 word 和 n）。也就是有九萬多個獨特的詞（word），和它對應的頻率（n）如圖 5-2。同時，因為變成了詞的單位，所有文章層面的 metadata 都會消失。

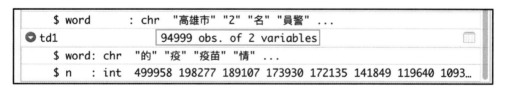

圖 5-2　詞頻後的觀察值數（藍色框線處）

許多研究都會先報告文集中出現最頻繁的詞，一般使用的指令是 dplyr 中的 top_n。前面章節有提及，top_n 不用排序，就可以直接觀察資料檔中某個變項的前幾名。它的第一個參數就是排序所要根據的變項名稱，然後是一個數字，設定要看前幾名，例如：前十名，就是數字 10。

四、套用停頓詞字典

　　若直接看斷詞的結果，就會發現高頻詞當中有很多詞沒有實質意義，例如：「個」、「的」、「在」、「是」、「與」、「讓」、「有」、「要」等。這些詞我們一般叫做停頓詞（或者停用詞，stopwords）。除非有特別的目的，通常需要將停頓詞從詞頻分析中刪除。停用詞通常還包括一些助動詞、嘆詞、標點符號或是特殊符號，也稱為代詞，若不是研究問題所關心且特別不想要的詞，都可以直接加在停用詞詞典裡。舉例來說，新聞語料中會一直重複出現「報導」這個詞，若不是研究的重點，就可以把「報導」當成停頓詞。停頓詞字典是文字探勘常會用到的工具。最開始停頓詞詞典可以從網路下載，再經過用戶自行不斷地擴充和修正詞典裡的字詞，為了方便修改和查看，一般會把停頓詞字典存成 txt 檔案，但這類檔案需要注意的就是背後的編碼系統。在 mac 和 pc 電腦轉換的時候可能會出現亂碼，所以在儲存或讀取時都要選用 UTF-8 檔案型態。在編輯的時候，雖然一般的 txt 編輯軟體（例如：TextEdit）就可以編輯，但是功能有限，所以可以考慮下載功能更強大的 txt 編輯軟體，例如：BBEdit。

　　接下來的工作就是需從 tidyformat 的 word 變項中，對照 stopword 字典把停頓詞去除，所使用的功能為 dplyr 中 anti_join 指令，這個步驟一般會在斷完詞後，計算詞頻之前進行。anti_join 這個指令類似一個「減去」的功能：R 會比對兩個資料檔 A 和 B，根據他們相同的變項（例如：v1），把資料檔 A 裡面所有 v1 的值，且有出現在 B 裡面的 v1 全部刪除。以圖 5-3 為例，我們使用的 stopword 字典 sw 就是 B，斷好的詞 td1 就是 A，R 會比較 td1 和 sw 中 word 這個變項，把 sw 這個列表裡的所有詞，從 td1 的列表裡面全部刪除，結果另存為一個新的物件 td2，td2 是一個沒有停頓詞之詞的列表。

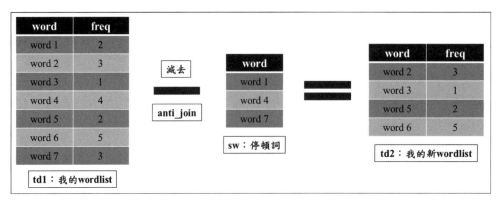

圖 5-3　anti_join

在進行 anti_join 之前，我們需要先把停頓詞字典讀入 R 裡面，因爲他是 txt 檔，所以使用的指令爲：read.table。爲了預防有亂碼的問題，使停頓詞無法有效移除，因此通常會點擊 sw，看一下文字檔是否有正確顯示內容，再用 anti_join 去處理停頓詞，程式碼如下：

讀進停頓詞字典

```
sw=read.table("stopwords.txt", header = T,sep="\r",quote = "", stringsAsFactors = F)
```

＊註：將停頓詞字典 stopword.txt 讀進 R，並取名叫做 sw。

從 td1 中去除停頓詞

```
td2 = td1 %>%
  anti_join(sw,by="word")%>%
  count(word, sort=T)
```

＊註：將去除停頓詞之新的詞表存成 td2。

這裡要特別注意 by 後面的參數設定很重要，它是告訴 R 要根據哪個變項比較兩個 dataframe：td1 和 sw。將結果存成一個新的物件 td2，會發現詞表變短了，因爲 stopwords 都被清除了。如果再計算詞頻（使用 count 程式碼），就會得到不存在停頓詞的乾淨詞頻列表。

五、畫圖

最簡單的作圖是柱狀圖，使用上個章節提到的套件 ggplot2。啟動後，使用下面的程式碼：

對 td2 中的詞，畫詞頻柱狀圖

```
td2%>%
  filter(n > 80000) %>%
  mutate(word = reorder(word, n)) %>%
  ggplot(aes(n,word)) +
  theme(text=element_text(family="Kaiti TC", size=12))+
  geom_col() +labs(y=NULL)
```

＊註：td2 爲去除停頓詞後的物件且篩選詞頻大於 80,000 的字。

　　因為文字數量很多，通常需要進行 filter，可以先用 top_n 觀察前十名的詞頻，也可以直接設定數值大小的範圍，如同上面程式碼的範例。另外，在圖形中的中文字如果沒有說明字體，或所提到的字體在電腦的字體庫沒有，都會顯示為‧‧‧‧。所以若出現這種情況，就需要先打開字體庫確認現有安裝了哪些字體，並在 theme 參數的 family="　" 當中說明。除了 Kaiti TC 之外，還經常使用的字體為黑體－繁中黑。柱狀圖操作結果如圖 5-4。

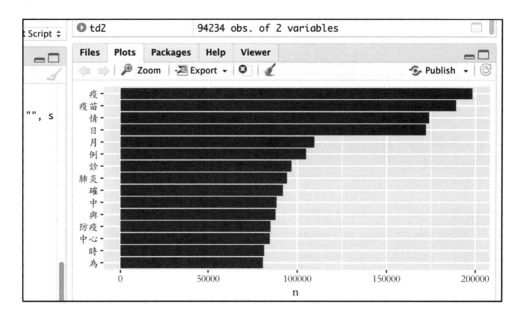

圖 5-4　詞頻柱狀圖

　　另外，一種常常用來呈現詞頻分析結果的圖像為文字雲，需要先安裝和啟動套件 Rcolor Brewer 和 word cloud。同樣，因為文字雲所能容納的詞的數量有限，所以需要指定最多呈現幾個詞，範例程式碼中設定的數字為 50（如圖 5-5）。

對 td2 中的詞頻文字雲

```
td2 %>%
  with(wordcloud(word, n, max.words = 50,family="Kaiti TC"))
```

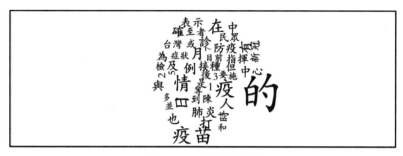

圖 5-5　詞頻文字雲

六、套用用戶字典

先前提及斷詞的套件裡面自帶的詞庫很重要。若詞庫裡沒有某個詞，電腦就不會把它斷出來。例如：詞庫中沒有「蔡英文」這個詞，它就會斷成「蔡」+「英文」。但是人的名字、機構的名字和很多其他的名詞都是在不斷產生，而且每一個專業領域都有所不同。所以這就意味著每個詞庫都有它的缺陷，每個詞庫都需要不斷地更新。最簡單的解決方法，就是在斷詞的時候套用用戶字典（user dictionary）。

若沒有現成的用戶字典，就需要自己製作，它的格式跟停頓詞字典一樣，發展一個詞的列表。但一般還會告訴電腦新詞的詞性，例如：人名（nr）、地名（ns）和組織名稱（nt）。有了詞性，可以針對某一類詞進一步的分析。例如：最熱門的人名、地名（如圖 5-6）。

```
● ● ●                           📄 covid-user.txt
1922 n
紓困方案 n
紓困 v
振興券 n
振興三倍券 n
振興五倍券 n
莫德納 n
護理師 n
帛琉泡泡 n
帛琉 ns
facebook社團 n
自主健康管理 n
趴趴走 v
旅遊史 n
接觸史 n
新冠肺炎 n
新型冠狀病毒 n
冠狀病毒 n
輝瑞 n
```

圖 5-6　自製用戶字典

　　用戶字典的 txt 檔如圖 5-7，每個詞放一行，空一格後，再加上這個詞的詞性標注，下一行再加第二個詞。第一次存檔的時候，一定要存成 UTF-8 的編碼格式。一般來講會先從網路上，下載一個初步的用戶字典，然後再根據自己的需要增加新詞。

　　而 jiebaR 斷詞詞性的標示系統，可以在網路上很容易地找到，大概像圖 5-7 這個樣子。

圖 5-7　jiebaR 斷詞詞性的標示系統

GitHub Gist（2023 年 4 月 12 日）。取自：https://gist.github.com/hscspring/c985355e0814f0143 7eaf8fd55fd7998

　　每個議題領域不同，都需要自己的用戶字典，特別是針對人名、地名和組織名稱。找到這些關鍵詞的方法就是透過閱讀要分析的文章。通常，先從樣本隨機抽取 10-20% 的文章，列出 R 字典中可能沒有的新詞。之後再使用飽和法，每次編碼 10 篇文章，直到找不到新的詞就停止。圖 5-8 為搜狗字典所提供的各專門領域的詞庫（字典）。

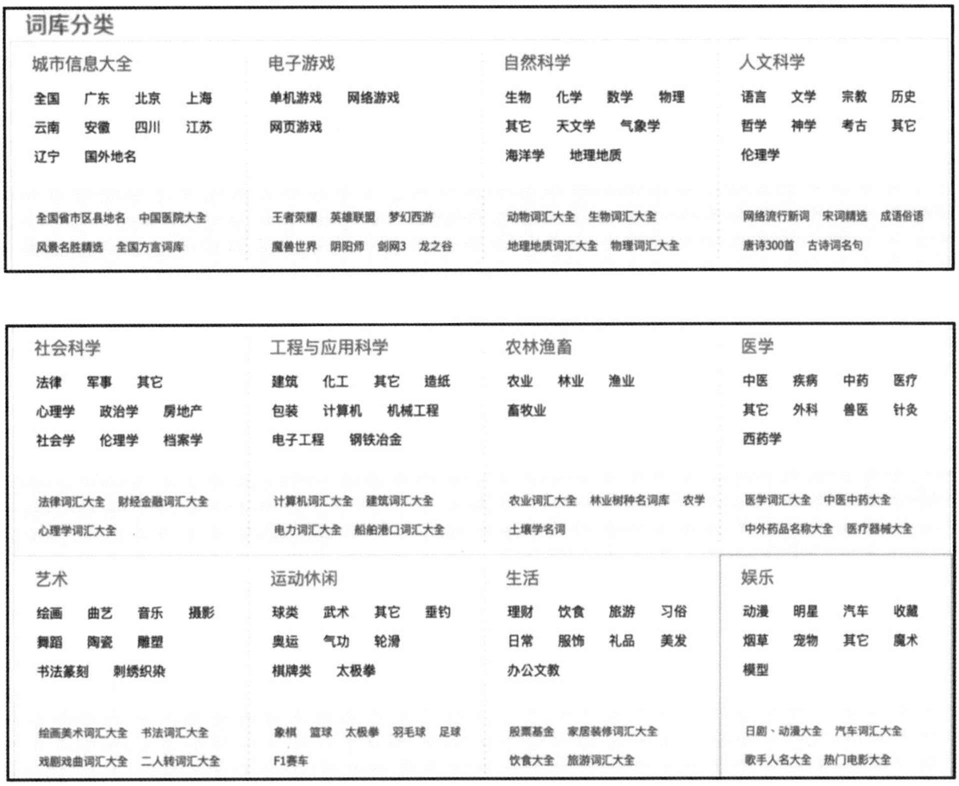

圖 5-8 搜狗字典詞庫

搜狗輸入法（2022 年 9 月 20 日）。取自：https://pinyin.sogou.com/dict/

除了飽和法之外，還可以使用 ngram 的方式尋找組合型的詞，例如：疫情指揮部。具體的方法會在之後 ngram 的章節中說明。

七、使用 jiebaR 斷詞

tidytext 的 unnest_tokens 斷詞有一些侷限性，例如：使用的時候無法修改它的停頓詞字典、沒辦法看詞的詞性、不能簡單地套用用戶字典。這邊介紹一個套件 jiebaR，它的斷詞功能很強，而且也有詞性標注，還可以做一些簡單的詞頻分析。目前 jiebaR 套件是中文文字探勘領域，廣爲使用的一個中文斷詞套件。主要優勢爲可以比較簡單地套用用戶字典。具體的方法是先定義斷詞器，其中指定何爲停頓詞字典及用戶字典，再使用 segment() 斷詞。

定義斷詞器的第一步，會告訴 R working directory 中哪個檔案是停頓詞字典，哪個檔案是用戶字典，然後給這個斷詞器一個名稱。例如：以下範例稱爲 cc。cc 是一個斷詞器，是一種功能，也稱爲 environment（工作的環境）。接下來，斷詞的指令 segment，參數中指定要斷詞的對象，就是 d 裡面的文字變項 content，斷詞的結果叫 sd。

　　斷好後的 sd 是一個很長的 character list。若想觀察前面十個結果，可以用 sd[1:10]。最後可以透過 freq() 指令計算詞頻，並轉換成為 dataframe 的格式，斷詞結果 sd 可參考圖 5-9。jiebaR 具體操作的程式碼如下：

下載 jiebaR

```
install.packages("jiebaR")
```

啟動 jiebaR

```
library(jiebaR)
```

定義斷詞器

```
cc=worker(stop_word = "stopwords.txt",user = "user.txt")
```

* 註：cc 為斷詞器；stopwords.txt 為範例停頓詞字典；user.txt 為範例用戶字典。

斷詞

```
sd=segment(d$v1,cc)
```

* 註：v1 為要進行斷詞的變項。

瀏覽斷詞結果

```
sd[1:100]
```

計算詞頻

```
sd1=freq(sd)
```

排序

```
sd2=arrange(sd1,desc(freq))
```

看前 20 個詞

```
top_n(sd2,10,freq)
```

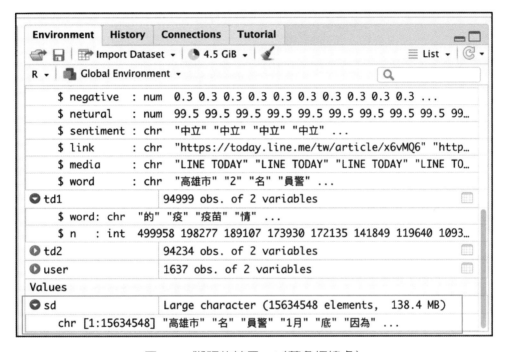

圖 5-9　斷詞的結果 sd（藍色框線處）

 小提示

瀏覽斷詞結果的時候，我們可以看到斷詞的結果是一整串的詞。若在定義斷詞器的時候，加入 bylines=T 的參數設定，會使斷詞後的結果仍然按照每篇文章的方式保存。詞頻可以用一整串詞的方式分析，也可以用比較文檔的方式分析。

第三節　詞頻分析

一、描述一整個文集

　　除了使用 count 看所有詞的詞頻之外，還有另外一種詞頻的分析方法就是先根據詞的詞性進行分類，再看每一類不同詞性中的高頻詞。例如：經濟新聞最常報導哪些國家的名稱，這就代表說他們是影響該國經濟最重要的經濟行為體。例如：台灣經濟新聞中最常出現的地理區域為台灣、中國、全球、美國和國際。也可以透過最常使用的社會機構名稱，看出哪些社會機構在經濟政策中佔有最重要的位置，例如：包括政府、市場、企業等。

　　這個分析步驟比較複雜，需要根據詞性斷詞，所以也會使用 jiebaR 來執行。三個主要步驟包括：定義詞性標示器、轉換資料格式和按照詞性標記計算詞頻、過濾，程式碼如下：

第一步驟：定義詞性標示器

定義詞性標示器

```
tt=worker("tag",stop_word = "stopwords.txt",user = "user1.txt")
```

標示詞性

```
ta=vector_tag(sd,tt)
```

第二步驟：轉換資料格式，將詞和詞性標示合併

將 ta 變成 data frame

```
tags=as_tibble(attributes(ta))
```

將 sd 變成 data frame

```
word=as_tibble(sd)
```

合併

```
wordtag=cbind (word, tags)
```

過濾：nr（人名）、ns（地名）

```
n1=wordtag %>%
```

過濾 nt（機構名）

```
filter(names=="nt") %>%
```

計算詞頻並排序

```
count(value,sort=T)
```

二、比較不同文集之間的差異

　　可以使用詞頻的差異來比較不同的文集。例如：朱蘊兒（2018）研究使用「大陸配偶」和「大陸新娘」這類詞語之使用頻率的不同，來比較四大報意識形態的差異。詞頻計算中，td 本來的觀察值是詞。也就是資料檔的每一個觀察值都是詞（word），但它同時保有文章特徵的變項。在比較文集時，自變項是文章的媒體或作者這類文章層面的變項。因此若使用詞頻分析來比較不同的文集，需要先做分析單位的轉換。

　　轉換關鍵是把 tidy format 中某個文章變項中的文集特徵變成獨立的變項。本書以新聞刊登的媒體為例（變項為 media）進行轉換，所使用的是 tidyr 套件中的 spread 指令。

　　安裝 tidyr 並啟動後，使用 spread 指令，就可以把原先類別變項 media 下面的六個媒體類別變成六個新的變項，並填入每個詞，對應在每個媒體中出現的頻率。後續就可以使用 cor.test() 來計算不同類別媒體之間，所有詞頻的相關性。程式碼如下：

變成獨立的變項

```
td3=td%>%
  count(media,word) %>%
  spread(media,n)
```

* 註：先按照變項（media）計算詞頻，再將 media 的六個類別變成獨立變項，並帶入對應的詞頻 n。

計算相關

```
cor.test(td3$`LINE TODAY`,td3$ 自由時報 )
```

* 註：計算 LINE TODAY 和自由時報兩個媒體之間的相關性。

Pearson's correlation 考察兩個連續變項之間的相關性，它的值從 -1 到 +1，越接近零相關性越小。從圖 5-10 的結果發現，這兩個媒體使用不同詞彙來報導新冠肺炎的頻率非常相關，但是到底哪兩個媒體最相似，可以透過兩兩比較得出的 r 值進行說明。

```
> cor.test(td3$`LINE TODAY`,td3$自由時報)

        Pearson's product-moment correlation

data:  td3$`LINE TODAY` and td3$自由時報
t = 589.48, df = 34620, p-value < 2.2e-16
alternative hypothesis: true correlation is not equal to 0
95 percent confidence interval:
 0.9526589 0.9545679
sample estimates:
      cor
0.953623
```

圖 5-10　LINE TODAY 和自由時報之間相關性

接下來，可以進一步探討，到底 LINE TODAY 和自由時報之間每個詞的詞頻佔比的差異為何？哪些詞的詞頻佔比差異最大？直接考察某一個詞在兩個媒體之間詞頻佔比的差異為何？

使用頻率差異最大的詞

連結 td3

```
td4=td3%>%
```

選擇需要的變項

```
select(word,`LINE TODAY`, 自由時報 )%>%
```

分別計算兩個媒體中，詞頻佔全文字數的比例

```
mutate(p1=`LINE TODAY`/sum(`LINE TODAY`))%>%
mutate(p2=` 自由時報 `/sum(` 自由時報 `))%>%
```

* 註：p1 是每個字在 LINE TODAY 中出現的頻率佔 LINE TODAY 總字數的比例；p2 同理。

計算詞頻佔比的差異

```
mutate(diff=p1-p2)%>%
```

排序

```
arrange(desc(diff))
arrange(diff)
```

* 註：從大到小排 diff，顯示的是 LINE TODAY 較多使用，自由時報較少使用的詞。從小到大排 diff，顯示的是 LINE TODAY 較少使用，自由時報較多使用的詞。

　　如圖 5-11 的結果顯示，兩個媒體對 COVID-19 的稱呼上有很大差異，LINE TODAY 較多用新冠，自由時報較多用武漢。

```
> td4=td3%>%
+   select(word,`LINE TODAY`,自由時報)%>%
+   mutate(p1=`LINE TODAY`/sum(`LINE TODAY`))%>%
+   mutate(p2=`自由時報`/sum(`自由時報`))%>%
+   mutate(diff=p1-p2)%>%
+   arrange(desc(diff))
> head(td4)
  word LINE TODAY 自由時報          p1          p2        diff
1 新冠      20932      426 0.003240041 0.0001915235 0.003048518
2   例      41844     9135 0.006476986 0.0041069654 0.002370021
3   情      54011    13674 0.008360303 0.0061476350 0.002212668
4   疫      61292    16182 0.009487321 0.0072751959 0.002212125
5   的     135735    42333 0.021010270 0.0190323117 0.001977958
6 症狀      16715     2091 0.002587296 0.0009400837 0.001647213
> head(arrange(td4,diff))
  word LINE TODAY 自由時報          p1          p2         diff
1 武漢       6089     8273 0.0009425095 0.003719423 -0.002776913
2 報導       6781     7485 0.0010496235 0.003365149 -0.002315526
3   病       2728     6060 0.0004222641 0.002724489 -0.002302225
4 新型       2926     5973 0.0004529123 0.002685375 -0.002232463
5 冠狀       3255     6008 0.0005038378 0.002701111 -0.002197273
6 病毒      10868     8386 0.0016822457 0.003770226 -0.002087980
```

圖 5-11　LINE TODAY 和自由時報對 COVID-19 的稱呼

小提示

因為很多生僻的字不會出現在某些媒體中，td3 中很多的值都是 NA（missing value，遺漏值）。NA 本身不能進行數學運算，所以無法產生後面新的變項。因它實際的意義是詞頻 =0，因此我們會先用 td3[is.na(td3)]=0，來把 NA 變成 0。

　　舉例來說，如果對「中國」出現的頻率比例特別感興趣，可以用 filter 的方法進行分析，程式碼如下：

某個詞使用頻率的差異

過濾關鍵詞「中國」

```
td4%>%
filter(word==" 中國 ")
```

如下圖 5-12 的結果顯示，自由時報較多提到中國。值得一提的是這個差異的百分比雖然很具體，但是沒有告訴我們在統計上是否具有顯著性，在第九章的時候，我們會介紹 quanteda 套件中的統計功能。

	word	LINE TODAY	自由時報	p1	p2	diff
1	中國	1153	788	0.0001784716	0.0003542735	-0.0001758019

圖 5-12　LINE TODAY 和自由時報對中國的提及次數

Chapter **6**

情緒分析和字典法

第一節　前言

前一章主要介紹了兩種斷詞的方法和兩種詞頻分析的方法。這兩種斷詞方法中的第一種是使用 tidytext 套件中的 unnest_tokens 斷詞，再用 count 計算詞頻，並透過 anti_join 刪除不需要的停用詞。另外一種斷詞方法是使用 jiebaR 套件中的 segment 斷詞，它除了可以附加停用詞字典，還可以附加用戶字典。

分析詞頻時，一種方式是描述整個文集的特徵，除了計算詞頻，還可以透過詞性進行一些簡單的分類，另一種詞頻分析的方式是，比較不同文集在使用不同詞語出現詞頻的差異，步驟是：(1) 保持以詞頻的列表，以詞為分析單位，(2) 先將文集的特徵（例如：刊登的媒體）變成自變項，(3) 然後計算不同媒體間詞頻的差異或者相關性。

這一章節進行情緒分析，因為只會用到情緒詞，所以使用 unnest_tokens 斷詞，它所產生的 tidy format 是一個很方便計算情緒分數的資料格式。

第二節　情緒分析簡介

這個章節要介紹一個電腦內容分析常用的方法：情緒分析。「情緒」（sentiment）也常被稱為「情感」，為保持一致，避免混淆，本文會統一稱為「情緒」。情緒分析的重要性在於它除了可以分析出文集或文章的主要內容，還可以分析出內容的主要情感或態度。因此情緒分析有很多名字，它也叫觀點採礦（opinion mining）、主觀分析（subjectivity analysis）、評論採礦（review mining）或者意見提取（opinion extraction）。

因為這個概念的重要性，過去的心理學和語言學的學者們早就開發了許多測量情緒的工具，也就是它的操作性定義（operationalization）。在文字探勘中，最常見的情緒測量工具就是一般提到的「情緒字典」。情緒一般總體分為兩類：正面情緒（positive affect）和負面情緒（negative affect）。情緒也可以更具體地分為各種離散情緒，例如：負面離散情緒常常包括悲傷、憤怒、害怕（焦慮）……。對於情緒的每個具體類型都有相對應的字典。

顧名思義，正面情緒字典就是所有代表正面情緒的詞。前一章的斷詞和詞頻分析中，已經接觸過兩個字典了：停頓詞字典與用戶字典。情緒詞的字典也是類似，形式上就是一個詞的列表。根據這個詞表計算文字內容中這些詞出現頻率的測量方法，稱為字典法。例如：在分析一篇文章正面情緒的時候，要先把這篇文章斷成很多詞，形成一個詞的列表。然後去對照這個正面情緒字典裡面的詞，只留下那些正面情緒字典裡面有的詞，然後再用 count 計算這些代表正面情緒詞出現的數量。這樣就得到所謂的正面情緒字典裡詞的數量，用它來代表這篇文章中的正面情緒。

如果是所謂的意見提取，電腦內容分析中最普遍和簡單的方法就是，直接計算每篇文章裡面的正面情緒詞的字數，再減去負面情緒詞的字數，就作為它的情緒分數。若要做文集間的比較，為了避免文章長度的影響，還會再除以文章的總字數。

第三節　字典法和常用的情緒字典

字典法不但可以測量情緒，還可以測量很多的概念。一般如果所關心的概念已經有現成的字典，就可以直接使用或簡單修訂既有的字典（如表 6-1），因為前人已經證明了這些字典的信度和效度。如果沒有現成的字典，就需要自己創建一個字典。但是自己創建的字典，必須要額外證明它的效度，也就是字典裡的這些詞在一篇文章中出現的頻率（或者有無），真的可以代表相關概念的強度（或者有無）。

如同前面提及，因為正面和負面情緒是過去研究一直關心的概念，所以早就有現成的字典了。這些字典一般是心理學家和語言學家合力完成的，因此具有較高的效度。英文的情緒字典包括下表（表 6-1）中提到的前三種，而中文的情緒字典一般研究會使用 NTUSD 的情緒詞字典（台大繁體中文情感極性詞典）和 CLIWC（Chinese Linguistic Inquiry and Word Count，中文探索與字詞計算）中的情緒字典，列在下表中的最後兩行。

表 6-1　現成的中英文情緒字典

名稱	測量等級	測量概念
AFINN	interval (-5negative: 5 positive)	positive、negative
Bing	binary	positive、negative
nrc	binary	positive、negative、anger、anticipation、fear、disgust、joy、sadness、surprise、trust
NTUSD	binary	positive、negative
CLIWC	binary	positive、negative、sadness、anger、anxiety

　　中文的情緒字典使用的人較少，因此字典數量也少。且中文情緒字典的精緻程度比較差，沒有為每一個詞賦予不同的權重，例如：討厭和憎惡的負面程度不一樣，但在中文負面情緒字典裡的權重卻相同。當然分析者可以針對每個詞自己加入不同的權重，只是這樣做起來比較耗時耗力。

　　目前已經有許多研究者在網路上發布情緒字典，像是台大繁體中文情感極性詞典，是台大語言實驗室開發的產品，他們有提供簡體和繁體兩個版本；CLIWC（Chinese Linguistic Inquiry and Word Count，中文探索與字詞計算）是一個綜合性的字典，包括 72 個字典，其中包括 5 個情緒字典；中國的中科院心理所計算網路心理實驗室，也提供了一個免費的分析軟體，叫做「文心」（http://ccpl.psych.ac.cn/textmind/）；國立台灣科技大學黃金蘭老師的團隊也有翻譯繁體中文的版本，但需要購買（https://cliwc.weebly.com/1997936617214503287932097.html）。

第四節　情緒詞的詞頻計算

　　情緒分析使用的是 dplyr 中 inner_join 的功能，dplyr 包括幾個合併資料檔的功能。如下圖 6-1 所示，inner_join 的功能是根據兩個資料檔（如下圖中的 a 和 b）共同擁有的變項（word），將資料檔進行合併，合併之後如圖中的 td2，就是情緒詞的詞表。其中 inner_join 的功能跟移除停頓詞時使用的 anti_join 有一點相似，不過是相反的概念。anti_join 是移除某個詞表，而 inner_join 是保留某個詞表。換句話說，它在合併兩個資料檔的時候，只保留兩個檔案共同擁有的觀察值（如圖 6-1）。

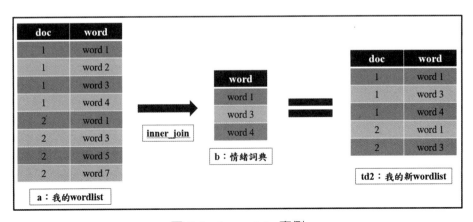

圖 6-1　inner_join 實例

先舉例如何以正面情緒字典分析正面情緒，程式碼如下：

讀入情緒詞字典

```
ntuPosEmo=read.table("ntu-posc.txt", header = T,sep="\r",quote = "", stringsAsFactors = F)
```

* 註：情緒字典範例為 ntu-pos.txt。

斷詞

```
t = d %>%
  unnest_tokens(word, content)%>%
  anti_join(sw,by="word")
```

* 註：根據 content 這個變項；sw 為停頓詞。

透過 inner_join 只保留情緒詞，並計算情緒詞的詞頻

```
pe=t %>%
  inner_join(ntuPosEmo) %>%
  count(word, sort = TRUE)
```

柱狀圖

```
library(ggplot2)
pe %>%
  top_n(10) %>%
  ungroup() %>%
  mutate(word = reorder(word, n)) %>%
  ggplot(aes(word, n)) +geom_col(show.legend = FALSE) + theme(text=element_
  text(family="Kaiti TC", size=14))+ labs(y = "positive sentiment",x = NULL) + coord_
  flip()
```

文字雲

```
library(RColorBrewer)
library(wordcloud)
pe %>%
 with(wordcloud(word, n, max.words = 50,family="Kaiti TC"))
```

第五節 情緒分析的研究應用

一、套用和驗證字典

許多研究領域都開始使用文字探勘的方法，測量自己領域重要的概念。因此，建議讀者在為自己感興趣的概念發展操作性定義的時候，先看看過去相關研究是如何測量這個概念？是否使用字典法？若有，這個字典包括哪些詞？如果他們是使用英文字典，通常需要翻譯和擴充。

如果研究感興趣的概念是比較抽象和寬泛，它的下面還會包括更具體的構面，每個構面也都需要有一個對應的字典。以蔡宏訓（2017）的研究為例，candidate image 這個概念就有五個構面，在文章的附錄中，有提供給讀者每個構面對應的字典包含哪些詞（如圖 6-2）。

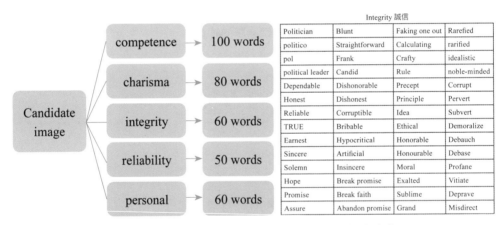

圖 6-2 五個構面以及 Integrity 構面所對應的字典

在翻譯和擴充舊字典的時候，原本字典中的詞可以作為種子詞，加入它的同義詞和反義詞。也可以進一步透過電腦內容分析的方法，觀察它們常和哪些詞共同出現，加入高頻的共現詞。需要注意的是，最好避免多義詞和詞義過於寬泛和模糊的詞。這類的詞會使用戶錯選很多文章，但太過具體的詞又可能漏選很多的文章。相較而言，漏選比錯選好，但兩者最好都避免。錯選率要控制在 10% 以下，漏選率要控制在 20% 以下。另外一個常用的補救方法，是根據錯選的文章，再發展一個「雜訊字典」剔除這些雜訊的影響。為了避免字典挑選關鍵字的主觀性，不論是自創，還是翻譯的字典，通常會在字典使用前和使用後分別進行效度的檢驗。

二、更精準的情緒測量

情緒分析通常並不是那麼簡單。舉例來說，取自網路評論：「我買了一個 CanonXX 的相機，我很喜歡這台相機，因爲它的畫質很好，電池的時間又可以用很長，但是我老婆覺得這台相機太重了。」這一段評論中，每一句針對的東西都不太一樣。發表意見的主體包括「我」和「我老婆」，發表意見的客體一個是「畫質」和「電池」，另一個是「重量」。另外，情緒常常在改變，通常還要考慮發表的時間。

爲了使情緒分析更精準有兩種方法可以考慮，首先是將情緒分析的範圍控制在你感興趣客體的四周。例如：曹修源等人（2019）的研究，只分析含有某個候選人名字的句子。

另外，一個重要的方法就是針對某個概念進行情緒分數的計算。例如：曹修源等人（2019）將相關句子的情感分數再乘上候選人形象構面的分數。在上面 Canon 相機的評論中，可以先計算「畫質」、「電池」、「重量」等重要屬性的分數，再乘以對應語句的情緒分數，這樣會讓人們對 Canon 相機的評論意見有更精準的測量。

三、考察情緒分數與其他變項之間的關係

如 Humphreys 和 Wang（2017）所提到的，文字探勘的重要性在於回答研究問題。好的研究問題，就是指明感興趣的現象（概念或文字變項）的原因或結果。如果有足夠的理論依據，就可以發展出描述這些因果關係的研究假設。原因變項一般稱爲自變項，結果變項一般稱爲應變項。好的研究假設除了要明確地指名這兩個概念，還要說明這兩個概念所相對應的變項之間的關係。例如：鐘智錦等人（2017）的研究中，重要的概念就是集體記憶和集體情緒（結果變項／應變項）。它的原因（自）變項就是重要事件的性質、結果和時間。

在考察兩個變項之間關係時，我們通常會把相關的概念（例如：正面情緒）從詞的層級變成文章層級的變項。文字探勘分析一個重要的過程就是要把文字層面的分析結果轉換成文章層面的變項，也就是用一個綜合的分數（例如：正面情緒的個數）來描述一篇文章的特徵。轉換的過程中，常常使用的程式碼是 count(id)。在操作時，具體的步驟如下：

計算每篇文章的正面情緒分數，並存成 pe1

```
pe1=t %>%
  inner_join(ntuPosEmo) %>%
  count(id,sort = TRUE)
```

＊註：計算正面情緒詞詞頻的時候，以文章（id）爲單位（而非以詞 word 爲單位），得到每
　　一篇文章的正面情緒分數 pe1。

pe1 中的頻率 n，改名為 ntupos

```
pe1=pe1%>%
  rename("ntupos"=n)
```

＊註：爲了清楚起見，將 pe1 中的頻率 n，改名爲 ntupos。

將正面情緒分數合併到最初的資料檔

```
d=full_join(d,pe1)
```

讓不含有正面情緒詞的文章，ntupos 這個變項等於 0

```
d[is.na(d)]=0
```

　　特別需要說明的是 full_join（如圖 6-5），也是 dplyr 中常常用來合併資料檔的工具。它的特點是，根據共同的變項，合併兩個，但兩個資料檔所有的觀察值都會保留，如果沒有對應的值，就會用 NA（missing value）表示，如圖 6-5、6-6。因爲我們例子中的 d 是最早 pe1 的來源，所以這邊其實也可以使用 left_join（如圖 6-6）。舉例來說，圖 6-3 與圖 6-4 進行 left_join，結果只會保留第一個資料檔（圖 6-3）的所有觀察值。因爲一篇文章中如果不含有正面情緒詞，它就不會被包括在 pe1 裡面，但實際上這些文章的正面情緒詞的數量就是 0，所以最後一步中將這些檔案的 NA 值都直接改爲 0。

x1	X2
A	1
B	2
C	3

圖 6-3　資料 a

X1	X3
A	α
B	β
D	α

圖 6-4　資料 b

X1	X2	X3
A	1	α
B	2	β
C	3	NA
D	NA	α

圖 6-5　full_join

X1	X2	X3
A	1	α
B	2	β
C	3	NA

圖 6-6　left_join

　　變成一篇文章層級的變項（特徵）之後，就可以使用統計分析的方法檢驗研究假設中變項之間的關係了，可以再根據變項測量的層級，選擇適合的統計分析方法。

　　變項之間的關係，如果兩個變項都是連續變項，通常透過前面提到過的 pearson's 相關係數（correlation r）來檢驗。但如果其中一個是類別變項，常常使用的方法就是組間差異的 t 檢定（兩組間比較）或者 ANOVA（多組比較）來檢驗。Humphreys 和 Wang（2017）指出，比較是文字探勘最常用的研究設計，特別適合字典法。最常見的與概念相關的研究問題是，不同媒體間、跨時、或跨地區的比較。

　　因為情緒分數是連續的數字變項，所以可以使用很多種的分析方法，例如：在鐘智錦等人（2017）的研究中就使用了 t 檢定、ANOVA 和多元迴歸分析來檢驗這些關係。以下程式碼中介紹了最常用的幾種統計分析方法，程式碼如下：

相關分析

```
cor.test(d$ntupos,d$talklength)
```

* 註：當自變項和應變項都是連續變項時，假設：x=ntupos, y=talklength。

獨立樣本 t 檢定

```
t.test(ntupos~mediatype,d)
```

＊註：當自變項是兩個值的類別變項，應變項是連續變項時，假設：x=mediatype, y=ntupos。

ANOVA 變異數分析

```
m1=aov(d$ntupos~d$media)
summary(m1)
print(model.tables(m1,"means"))
TukeyHSD(m1)
```

＊註：當自變項是三個以上值的類別變項，應變項是連續變項時。例如：x=media, y=ntupos。
　　在存在顯著差異後，還需要做兩組之間的 t 檢定（TukeyHSD）來確定差異的來源。

線性（多元）迴歸

```
m2=lm(talklength~mediatype+ntupos, d)
summary(m2)
```

＊註：當存在多個自變項（可以包含類別變項和連續變項），應變項是連續變項時，假設：
　　x=media, y=ntupos。

Chapter 7

tf-idf 值的計算和應用

第一節　tf-idf 的概念介紹

　　前一章節介紹了用字典法測量概念，以及最常見字典法的應用，用來測量情緒分數。接下來這個章節，會介紹一個比詞頻更加精確地描述文本的方法：計算詞的 tf-idf 值。

　　文字探勘的核心問題就是如何量化每篇文章的主要內容，最常用的方法為使用每篇文章的高頻詞，就像我們在讀文章時，都會看到它列出幾個重要的關鍵詞，但這些關鍵詞並不是最常出現在論文中的詞，而是最重要的詞彙。一般文字探勘的研究都會注意詞頻受到文章長度的影響，因為如果在一篇比較長的文章中，詞出現的頻率通常會比較高。所以透過詞頻除以文章的總字數，控制了長度的影響，這個詞頻佔文章字數的比例，也叫做 tf（term frequency）。詞頻的分布通常不符合常態分布。例如：圖 7-1，若把 Silge 和 Robinson（2017）書中提及 Jane Austen 的六部小說裡面的詞頻分布用圖形顯示（tf 的分配如圖 7-1 所示），y 軸就是詞頻，其中只有少數幾個詞會出現高詞頻。

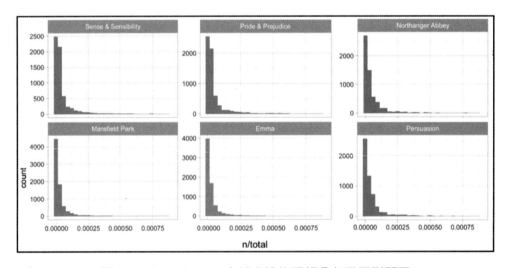

圖 7-1　Jane Austen 六部小說的詞頻分布用圖形顯示

　　若看這些高頻詞的內容，就會發現詞頻分配通常有一個重要的特徵，就是越不重要的詞，出現的次數就越多，這種規律叫做 Zipf's Law（如圖 7-2）。這個 Zipf 是一位 20 世紀美國的語言學家，他發現在語言中，tf 比較高的詞通常是比較不重要的詞。換句話說，我們說話的內容，雖然用了很多的詞，但頻率最高的那些詞，其實都是不重要的詞。

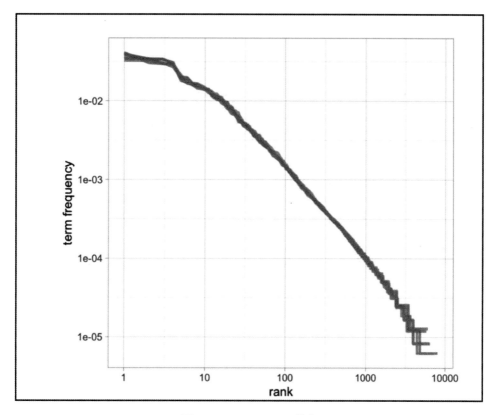

圖 7-2　Zipf's Law 分布

Text Mining with R (2022, November 2). Retrieved from:https://www.tidytextmining.com/tfidf.html

發現了這個現象之後，對於詞的重要性的評估，就提出了糾正 tf 的一個參數，叫作 idf（inverse document frequency，相反的文章頻率）。它的值等於以下的公式：

$$idf \text{ (term)} = \ln \left(\frac{\text{n documents}}{\text{n documents containing term}} \right)$$

每一個詞都有一個對應的 idf 值。公式中的分子，n documents 代表語料庫中共有多少篇文章，相對於不同的詞來說這個值不會變；分母 n documents containing term 代表在語料庫中有多少篇文章包含了用戶所感興趣的那個詞。可見，這個詞越少在所有的文章中出現，idf 的值就越大。idf、tf 和 idf 相乘後的結果 tf-idf，基本上的功能就是使那些常出現的詞的重要性降低，升高了那些不常見詞的重要性。以下表格（表 7-1）呈現了在比較疫情三階段時，tf 和 tf-idf 兩者計算結果的差異。從這個表格我們可以看出：疫情三個階段的高頻詞非常類似，但是具有高 tf-idf 的詞是每個階段中那些獨特的詞。

表 7-1　疫情三階段 tf 和 tf-idf 計算結果

Tf			Tf-idf		
early	mid	late	early	mid	late
疫苗	疫情	疫苗	除夕夜	虎林	黃皮書
疫情	日	日	野口	茶室	長幼有序
日	疫苗	疫情	迎春	舞場	父親節
月	確診	例	蜂炮	缺氧	煙花
肺炎	例	月	春節假期	快打	淋浴
陳時中	月	接種	新春	心肝	橋接
中心	防疫	陳時中	掃墓	dnr	快打
台灣	肺炎	肺炎	年夜飯	delta	單選

第二節　tf-idf 的計算

在 tidytext 這個套件中的 bind_tf_idf 指令，會自動把 tf、idf 和 tf-idf 這三個值全部算出來。但要先定義好自變項，這樣才能正確地斷詞以及計算出對應的 tf-idf 值，進行比較。下面以比較三個階段的報導為例，計算出來的詞的 tf-idf 值代表這個詞特別多在某個階段出現，比較少在另外兩個階段出現，這可以用來代表每個階段的獨特性。因此在計算（count）詞頻的時候，要分別計算在三個階段的詞頻。程式碼如下：

斷詞

```
t = df %>%
  unnest_tokens(word,content)%>%
  anti_join(sw,by="word")%>%
  count(period,word,sort = TRUE)
```

* 註：content 為範例變項；count 時，要分別計算在三個階段（period）的詞頻。

計算 tf-idf

```
t=t %>%
   bind_tf_idf(word,period, n)
```

＊註：根據三個階段分別計算。

第一步，斷詞和計算詞頻的結果，存在 t 當中，包括三個變項：period、word 和 n（詞頻）。接下來第二步，用 bind_tf_idf 計算 tf-idf，出來的結果也存在 t 當中（如圖 7-3）。

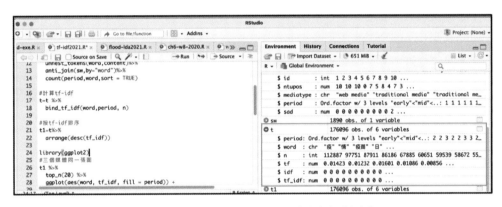

圖 7-3　tf-idf 結果存在物件 t（藍色框線處）

這個新的 t 就多了三個變項，也就是 tf-idf 的三個參數：tf、idf 和 tf-idf。仔細看物件區的前幾個結果，就會發現本來「疫情」和「疫苗」是詞頻最高的詞，但是它們的 idf 和 tf-idf 值卻非常小，等於 0，原因是它們在三個階段都非常頻繁地出現，沒有每個階段的獨特性。

如果想看每個階段最高 tf-idf 的詞，也就是最獨特的詞，可以先用 arrange 從大到小排列，看 data frame 的結果。也可以使用 ggplot2 畫長條圖，看前 20 個 tf-idf 最高的詞。以下程式碼範例中，前者輸出的結果如圖 7-4 是看所有三個階段的詞，後者如圖 7-5 是分開不同階段看每個階段前 20 個 tf-idf 最高的詞。程式碼如下：

先按 tf-idf 值排序

```
t1=t %>%
   arrange(desc(tf_idf))
```

三個階段同一張圖，結果呈現在圖 7-4

```
t1 %>%
  top_n(20) %>%
  ggplot(aes(word, tf_idf, fill = period)) +geom_col() +
  labs(x = NULL, y = "tf-idf") +
  theme(text=element_text(family="STHeitiTC-Medium",
    size=14))+coord_flip()
```

三個階段各自一張圖，結果呈現在圖 7-5

```
t1 %>%
  group_by(period)%>%
  top_n(20) %>%
  ungroup %>%
  ggplot(aes(word, tf_idf, fill = period)) +geom_col() +labs(x = NULL, y = "tf-
    idf") +theme(text=element_text(family="STHeitiTC-Medium", size=14))+facet_
    wrap(~period, ncol=2,scales="free")+coord_flip()
```

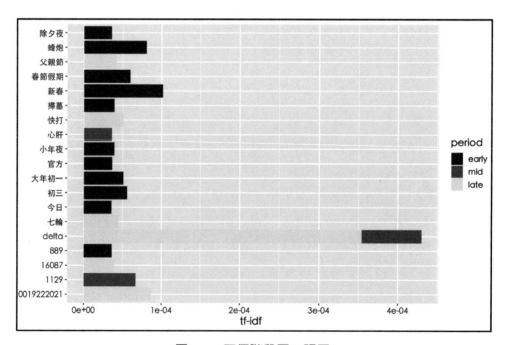

圖 7-4　三個階段同一張圖

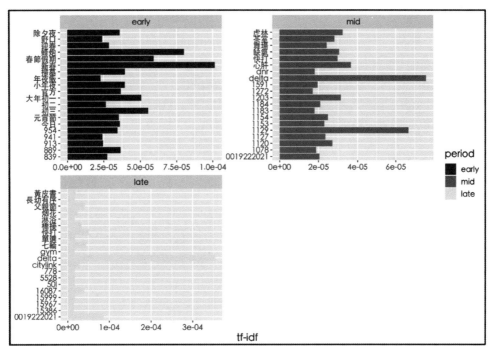

圖 7-5　三個階段各自一張圖

第三節　tf-idf 的應用

一、比較不同文類的獨特詞

　　每個詞所具有的 tf-idf 的值可以針對每一篇的文章，也可以針對某一類的文章。若是針對某一類文章，例如：前面不同報導時期和下面不同情緒的例子，詞的 tf-idf 值可以作為比較不同文類的結果變項，看不同文類中最獨特的詞。下面的程式碼作為比較不同情緒傾向的文類的獨特詞的範例，如下：

比較不同情緒（中立、負面、正面）差異最大的詞

```
t3 = df %>%
  unnest_tokens(word, content)%>%
  anti_join(sw,by="word")%>%
  count(sentiment,word, sort = TRUE)%>%
  bind_tf_idf(word,sentiment, n) %>%
  arrange(desc(tf_idf))
```

除了比較不同文類使用的獨特詞之外，tf-idf 還可以作為減少詞語量的一個過濾標準。例如：當我們要繪製關鍵詞的語意網絡時，會需要減少詞的數量，到一個可以看清楚詞語關係的範圍，例如：50 個字以內。具體實例，可參考陳怡廷、欒錦榮（2012）和謝吉隆等人（2018）的研究。

二、在機器學習中代表文檔的內容特徵

我們在測量概念的時候，字典法屬於從上到下的演繹法（top-down approaches）。但是如果概念不是那麼清楚、沒有字典、沒有明確的概念定義，則需要使用自下而上的歸納法（bottom-up approaches）先來找到詞可能的分類方式，然後提出更複雜的理論來解釋這些分類方式。最常見的自下而上的歸納法包括兩種機器學習的方式：分類（classification）和發現主題（topic discovery），前者是有監督式的機器學習，後者是無監督式的機器學習。具體的內容於第八、九章節再詳細說明。

無論是有監督式還是無監督式的機器學習，所需要使用的資料格式都是 dtm。除了常見的以每篇文章為分析單位、以文章屬性為變項的資料格式（data frame）之外，還有一種在機器學習的領域常見的資料格式叫做 document-term-matrix，簡稱 dtm。在這種格式中，每篇文章為分析單位，但是變項是每個詞（欄），資料的值是每個詞出現的頻率，結構如表 7-2。

表 7-2　詞頻矩陣

	word1	word2	word3	word4	word5	word6
doc1	0	1	1	2	0	1
doc2	1	0	0	0	1	1
doc3	0	1	0	1	0	0

所以在進行機器學習之前，需要使用 tidytext 中的指令，將 tidyformat 轉換為 dtm。具體的程式碼如下：

斷詞和計算詞頻

```
tf = df %>%
  unnest_tokens(word,content)%>%
  anti_join(sw,by="word")%>%
  count(word,id)
```

將 tidy format 轉換為 dtm

dtm=cast_dtm(tf,id, word, n)

從物件區（如圖 7-6），可以看出新物件 tf 有三個需要製作 dtm 的變項，分別為文章編號、詞和詞頻。

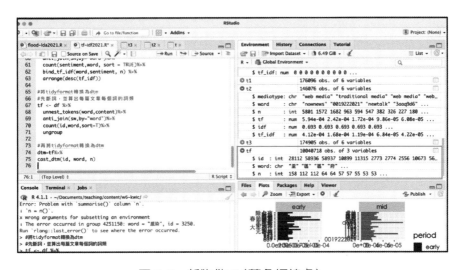

圖 7-6　新物件 tf（藍色框線處）

經過指令 cast_dtm 之後，物件區出現了所需要的 dtm（如圖 7-7）。它的檔案很大有 171MB，被稱為 Large Document Term Matrix。

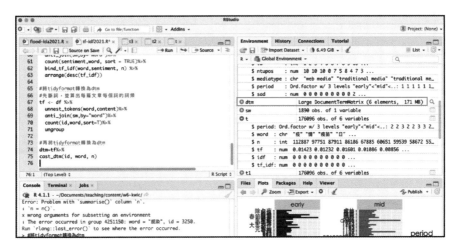

圖 7-7　dtm 結果（藍色框線處）

根據 Silge 和 Robinson（2017）的書籍，資訊理論的專家並不認為 tf-idf 的計算方法具有很強的理論依據。針對每一篇文章的詞的 tf-idf 值，比較少使用在學術研究中，但是在實務中卻被廣泛應用，例如：搜索引擎就會根據你輸入的關鍵字，找出最具獨特性的文章。但是在學術研究中，比較不會關心哪一篇文章的哪些詞最為獨特。而根據 Humphreys 和 Wang（2017）的研究指出，計算每篇文章中每個詞的 tf-idf，主要是用來代替詞頻所轉換成 document term matrix（dtm），做後續的統計分析，使統計模型更加具有預測力。

以表 7-3 中的詞頻矩陣為例，我們可以計算出每個詞的 tf-idf 值，代替細格中的詞頻，作為新的 dtm 機器學習的原料。因為這個新的 dtm 使罕見詞的權重增加，它通常所建立的模型會有更好的預測力。具體的轉換方法會在下一章機器學習的部分，再具體介紹。

表 7-3　tf-idf 矩陣

	word1	word2	word3	word4	word5	word6
doc1	0	0.18	0.48	0.35	0	0.18
doc2	0.48	0	0	0	0.48	0.18
doc3	0	0.48	0	0.48	0	0
doc4	0	0	1	0	……	

三、作為過濾關鍵詞的標準

之後電腦就能以這個 dtm 作為資料檔，使用非常複雜的統計方法，來考察變項（也就是不同詞語）之間的關係，例如：哪些詞常常聚集在一起或是哪些詞的詞頻之間呈現正相關。這些統計方法使用的演算法通常非常消耗計算資源，因此為了節省計算資源，研究者通常會對 dtm 進行尺度縮減，減少一些不太重要的詞語，其中 tf-idf 的值就是一個重要的參考指標。例如：在陳世榮（2015）的研究中，就過濾掉 tf-idf 值小於 0.2 的詞，而在謝吉隆等人（2018）的研究中，則是只取 tf-idf 值大於所有詞的平均值加上一個標準差的動詞、名詞和形容詞。

另外，之後在繪製語意網絡圖的時候，因為可以包含詞的數量非常少，因此需要採用更加嚴格的標準。但是程式碼的寫法大致相同，程式碼如下：

計算 tf-idf 值

```
t4=tf %>%
  bind_tf_idf(word,id,n)
```

計算出 tf-idf 值的平均值和標準差

```
mean(t4$tf_idf, na.rm=T)
sd(t4$tf_idf, na.rm=T)
```

只取 tf-idf 值大於所有詞的平均值加上一個標準差的詞

```
t4=t4 %>%
  filter(tf_idf>.042)
```

* 註：mean 及 sd 加總為 0.42。

使用新詞表製作 dtm

```
dtm1=t4 %>%
  cast_dtm(id, word, n)
```

第四節　其他過濾關鍵詞的方法

過去的研究建議許多種過濾關鍵詞的方法，但是不一定應用於每一個資料檔。表 7-4 中歸納了一些過去研究使用的方法，供讀者根據自己的需要參考使用。

表 7-4　過去文獻過濾關鍵詞的方法

	詞性	詞長	詞頻	tf-idf
Grimmer 和 Stewart（2013）			刪除前後 1%	
曹開明等 （2017）		>1	>20	至少出現於 10 篇

	詞性	詞長	詞頻	tf-idf
陳世榮（2015）	名詞			大於 0.2
謝吉隆、楊苾淳（2018）	動詞、名詞、形容詞	>1	>3	大於平均值加上一個標準差
Jiang et al.（2016）			最高 150 個詞	
盧安邦、鄭宇君（2017）			大於 50，pmi 大於 1.5	

　　從前面的表格可以看出，除了使用 tf-idf 進行篩選，另外大致上還有四類具體的方法，包括根據詞性、詞長、詞頻、文章數當作篩選的標準。各種篩選方法的程式碼如下：

根據詞性

斷詞

```
cc1=worker(stop_word = "stop-mac.txt",user = "coviduser-mac.txt")
sd1=segment(d$content,cc1)
```

定義詞性標注器

```
tt=worker("tag",stop_word = "stop-mac.txt",user = "covid-user.txt")
```

詞性標注

```
a=vector_tag(sd,tt)
```

讀取詞性標注

```
tags=attributes(ta)
tnames=as_tibble(tags)
```

與 **tidyformat** 的資料檔合併

```
sd=cbind(sd,tnames)
```

按照詞性過濾（僅以形容詞為例）

```
t=sd%>%
filter(names=="a"|names=="ad"|names=="ag"…)
```

根據詞長

計算詞長 **wsize**，並過濾掉只有一個字的詞

```
t1=t%>%
  mutate(wsize=nchar(word))%>%
  filter(wsize>1)
```

根據總詞頻

計算總詞頻 **total**，並過濾出現 30 次以上的詞

```
t2=t1%>%
  group_by(word)%>%
  add_count(word)%>%
  filter(total>30)%>%
  ungroup
```

根據出現的文章篇數

計算出現的篇數 **idsum**，並過濾出現在 10 篇以上的詞

```
t3=t2%>%
  group_by(word)%>%
  mutate(idsum=n_distinct(id))%>%
  filter(idsum>10)%>%
  ungroup
```

第五節　文字探勘結果的統計分析

　　概念測量之後的下一步，就是分析結果。分析結果包括文字分析和統計分析。Humphreys 和 Wang（2017）把結果的統計分析分成三大類：比較、相關和預測。最重要的一種統計分析就是比較。通常是比較不同媒體、不同地點、不同時間，發表文章特徵的 metadata 作為自變項（原因變項），文字分析的結果作為應變項（結果變項）。

　　但一般統計分析的方法 t 檢定、ANOVA、相關性檢定都假設變項的值是正態分布。因為只有它正態分布的時候，才能夠準確地估計出來它的抽樣誤差。但是如果它根本就不是正態分布，就沒辦法判斷它的誤差。或者說沒辦法判斷這個樣本的資料分析結果運用到母體的時候，信賴區間為何。相對而言，非正態分布對於 lm 和 glm 這種比較多自變項對於應變項相對影響的分析方法的影響比較小。但對於 t 檢定、ANOVA、相關性檢定這種簡單的比較方法，Humphreys 和 Wang（2017）建議使用 nonparametric tests 來代替這些統計方法，因為 nonparametric tests 不假設變項具有正態分布。具體的替代方法的程式碼如下：

使用 Wilcoxon test 代替 t 檢定 (x=mediatype, y=ntupos)

```
wilcox.test(w_ntupos ~ mediatype, df)
```

使用 Kruskal-Wallis test 代替 ANOVA (x=period, y=ntupos)

```
kruskal.test(w_ntupos ~ period, df)
```

事後兩組兩組之間的比較

```
pairwise.wilcox.test(df$w_ntupos,df$period,p.adjust.method="BH")
```

Chapter 8

主題建模

第一節　前言

前面章節有介紹過，研究設計中最重要步驟就是找出概念後，對這個概念進行操作性定義，並從文章內容中測量出每一篇文章在這個概念上的值，考察這個概念（內容變項）和其他概念之間的關係。

概念是研究設計的核心。但是有一種情況為研究沒有特別的概念，或者研究所要考察的主要概念就是文章的主要內容（主題），一般測量文章主題的方法就是對這個主要內容進行分類。

分類的方法很多，一種是有監督式的機器學習，一種是非監督式的機器學習。有監督式的機器學習都有一個明確的分類標準，讓電腦有一個可以預測的目標（結果變項），具體的方法會在第十章介紹；而非監督式的機器學習，完全不需要事先分類，因為它完全是根據語料庫中詞的分布，找出所有的詞歸類到某個主題的可能性，再根據這些可能性，算出不同文章具有每個主題的比例。

但本書作者認為在學術研究中，不太可能某一種內容的主題從來沒有人考察過，至少可以參考類似主題的內容分析結果。例如：對於新冠肺炎疫情報導主題的理解，可以參考過去對其他傳染病的報導研究，例如：SARS 或禽流感等。並根據過去的研究做討論，為什麼作者認為這次的新冠肺炎疫情的報導會跟其他疫情報導不同，原因是什麼，就此發展出一些研究問題或研究假設。

非監督式的機器學習主要有兩種。一種是單組籍的分類法、一種是多組籍的分類法。單組籍的意思，就是每篇文章只屬於一個主題；多組籍的意思就是允許一篇文章具有多個主題。目前最多研究使用的確定主題的方法是 LDA（topic modeling，主題模型分析），它屬於多組籍的分類法。這個章節會以討論 LDA 的原理和應用為主，最後也會簡單介紹一種單組籍的分類法，K-means 的分類方法。

第二節　LDA 的原理和應用步驟

首先，LDA 的運算非常複雜，並非所有的資料檔都適合使用 LDA。根據 Tang 等人（2014）的研究，對於資料檔至少有二個限制：一個是資料檔中文章的數目，至少要達到 1,000 篇。另外一個就是文章的長度，至少要到達 100 字，甚至 200 字比較理想。因此建議如果分析的資料是網路上的用戶留言，建議對同一作者、同一時間段的內容進行合併，或者將同一主文（貼文）的所有評論內容進行合併。具體合併的程式碼，請參考第四章的黏貼功能。

一、第一步：斷詞

在主題建模中，詞頻是建模的核心，而關鍵字的內容，又是決定主題內容的重要參考依據，因此斷詞就變得非常重要。

LDA 所需要使用的資料格式是 dtm（document term matrix）。通常在建模之前還需要做尺度縮減（去除較不重要的詞），一方面可以節省計算資源，另一方面可以使結果更容易解讀。所以，建議在斷詞的時候可以使用 jiebaR 來斷詞，借助套用用戶字典，保證斷詞的精確程度。尺度縮減就是過濾掉一些不重要的詞，因此 tidyformat 的詞表方式比較容易操作，考慮到兼顧斷詞的精確度和保持 tidyformat 的格式，建議使用以下方式斷詞：

定義斷詞器

```
library(jiebaR)
cc=worker(byline=T,stop_word = "stop.txt",user = "coviduser.txt")
```

* 註：為了建立 dtm，一定要保留文章的 id，所以一定要加入參數：byline=T。假設停用詞字典為 stop.txt；用戶字典為 coviduser.txt。

斷詞

```
sd = d %>%
  unnest_tokens(word, content, token = function(x) segment(x, cc))
```

* 註：token=function(x) 是指用定義 function 的方法斷詞；在 segment 中使用斷詞器 cc 就是一種 function。

二、第二步：詞彙向量化、尺度縮減及製作 **dtm**

上一章中有提到，可以使用 tidytext 斷詞後產生的詞表，透過其中的 cast_dtm 功能轉換成 dtm。

先選擇 **dtm** 所需要的變項

```
t6=sd %>%
  select(id, word, n)
```

cast_dtm 功能將 t6 轉換成 dtm

```
dtm=cast_dtm(t6, id, word, n)
```

　　但是這樣產生的 dtm 通常體積非常的大，因為使用的是傳統的詞的代表方式。傳統的自然語言處理中，把每個詞看成一個離散的標籤（discrete symbols）。對電腦而言，每個詞都是一個很長的向量，長到包括世界上所有的詞。如果一個詞表有 50 萬個詞，每個詞的向量中，所有的值都是 0，只有一個特別屬於它的位置就是 1。以下面兩個詞為例，每個詞的表示方式如下：

　　蔡英文 [0 0 0 0 0 0 0 0 0 0 0 0 0 0 0 0 0 1 0 0 0 0 0 0 0 0 0 0 0 0 0 0 0 0 0 0 0 0 0 0 ⋯⋯]

　　蔡總統 [0 0 0 0 0 0 0 0 0 0 0 0 0 0 0 0 0 0 0 0 0 0 0 0 0 0 0 0 0 0 0 0 0 1 0 0 0 0 0 0 0 0 0 0 ⋯⋯]

　　這樣的詞的表示方式有兩個問題。一是佔用極大的電腦空間和運算資源，另外一個就是使得明明意義相同的兩個詞，被看成是完全獨立的。學者們就想出一個好的方法來解決這個問題：讓電腦來根據每個詞和周邊詞的相對位置，透過學習文本來建立模型。這會使每個詞都可以被它周邊的詞代表。這樣的模型一方面可以代表每個詞出現的情境和涵義；另一方面可以透過統計學的尺度縮減，用比較小的維度來代表。例如：從之前每個詞由 50 萬個詞的維度代表，變成 5 個或者 6 個維度所對應的 5 個或者 6 個數字代表，大大減少運算負擔。舉例來說：蔡英文和蔡總統也會因為前後出現的詞非常類似，而在這個小維度的向量空間中非常靠近。

　　這整個將詞轉換成向量的架構就叫做 word2vec，是 Mikolov 等人（2013）研究所提出。使用這個轉換方法有幾個準備，先要有一個較大的語料庫，根據這個語料庫建立一個固定的詞表（關鍵詞的列表）。用演算法，建立每個詞和周邊詞關係的模型，使每個詞都可以被它周邊的詞代表。通常要持續更新模型，保持模型的最優化。使用 text2vec 這個套件來說明詞語的向量化的程式碼如下：

標注斷詞結果

```
install.packages("text2vec")
library(text2vec)
it_train = itoken(sd)
```

創建詞彙表，並根據詞頻和出現文檔的比例進行修剪

```
vocab = create_vocabulary(it_train)
pruned_vocab = prune_vocabulary(vocab,term_count_min = 10, doc_proportion_max =
0.5, doc_proportion_min = 0.001)
```

向量化，並製作 dtm

```
vectorizer = vocab_vectorizer(pruned_vocab)
dtm_train = create_dtm(it_train, vectorizer)
```

三、第三步：決定最佳主題數目

在建立主題模型時，唯一需要自己決定的參數就是主題數目，電腦可以根據這個數目建立出最佳的模型。但為了避免太過於主觀判斷，有兩個常使用的方法，供讀者參考。

（一）方法一：根據 Perplexity Value（混淆值）

根據不同的主題數目建立的 LDA 模型，都會有一個混淆值。顧名思義，混淆值越小越好，圖 8-1 是圖形顯示的結果。計算混淆值的程式碼如下：

先定義可能的主題數目

```
topics=c(2,3,5,7,8,10,12,15,20)
```

用迴圈的方式算出每個主題數目的混淆值

```
ldas = c()
for(topic in topics){
  start_time = Sys.time()
  lda = LDA(dtm, k = topic, control = list(seed = 2020))
  ldas =c(ldas,lda)
  print(paste(topic,paste("topic(s) and use time is", Sys.time() -start_time)))
  save(ldas,file = "ldas_result")}
```

用圖形顯示結果

```
library(ggplot2)
library(purrr)
data_frame(k = topics,
        perplex = map_dbl(ldas, perplexity)) %>%
  ggplot(aes(k, perplex)) +
  geom_point() +
  geom_line() +
  labs(title = "Evaluating LDA topic models",
      subtitle = "Optimal number of topics (smaller is better)",
      x = "Number of topics",
      y = "Perplexity")
```

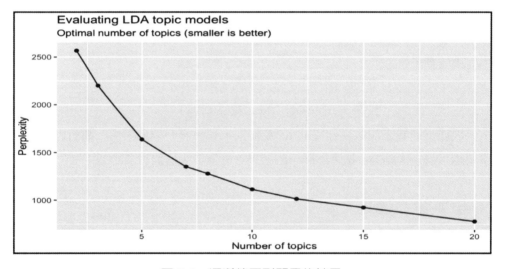

圖 8-1　混淆值圖形顯示的結果

　　從圖 8-1 混淆值的下降程度看，似乎從主題數目 10 開始，數值下降的幅度開始減緩，因此研究者會選取主題數目 10。

（二）方法二：使用 ldatuning 套件

　　隨著 LDA 的廣泛應用，不同的學者提出了不同的標準來評價 LDA 不同主題數目的好壞，但是每一種標準的計算方法都有點複雜。本書介紹 ldatuning 的套件，把這些研究提出標準的計算方法內建到套件中，可以幫助研究者綜合性地比較哪個主題數目為最好。程式碼如下：

安裝並啟動套件

```
library("ldatuning")
```

先定義可能的主題數目

```
topics=c(2,3,5,7,8,10,12,15,20)
```

算出所有主題數目所對應的四種衡量標準的數值

```
result = FindTopicsNumber(
  dtm,
  topics = topics,
  metrics = c("Griffiths2004", "CaoJuan2009", "Arun2010", "Deveaud2014"),
  method = "Gibbs",
  control = list(seed = 2020),
  mc.cores = 2L,
  verbose = TRUE
```

圖形顯示結果

```
FindTopicsNumber_plot(result)
```

　　程式碼輸出結果如圖 8-2，直觀地看出，Griffiths2004 和 CaoJuan2009 的兩個標準，類似混淆值，數值都是越小越好。但是，Arun2010 和 Deveaud2014 的標準，主題數目所對應的數值越大越好。總和四個數值考量，研究者決定選取主題數目 10（見圖 8-2 藍色框線）（Nikita & Nikita, 2016）。

四、第四步：進行主題建模並為主題命名

　　決定主題數目後，就可以直接請電腦根據這個主題數目建立 LDA 的模型。模型建立好後，就可以對主題進行人工命名。我們使用的套件是 stm（structural topic models），使用 15 作為最佳的主題數目（K=15）。

　　電腦並不了解每個詞的內容含義，它只是根據詞語分布的規則算出比例。每個主題的主要內容，需要人工透過閱讀高頻詞和範例文章進行歸納。為了避免主題命名的主觀性，主題內涵的命名過程通常會請兩個人同時進行，並互相對照。

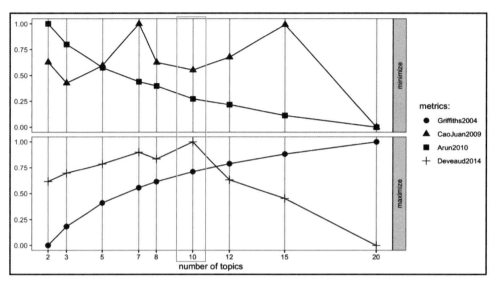

圖 8-2　ldatuning 圖形顯示的結果

主題命名主要透過兩個步驟進行，缺一不可。第一步是透過閱讀每個主題的高頻關鍵詞來了解主題的內涵，第二步是透過閱讀範例文檔來了解主題的內容。

主題建模，結果存在 m

```
install.packages("stm")
library(stm)
m = stm(dtm, K = 15,max.em.its = 10)
```

人工命名的第一步：了解高頻詞

```
labelTopics(m)
labelTopics(m, topic=10)
```

可以輸出所有主題的高頻詞，或者指定某個主題的高頻詞，結果如圖 8-3 所示。其中，Highest Prob 對應的詞就是，詞和主題之間建立的模型中，係數（beta 值）最高的詞，代表這個詞屬於這個主題的可能性最高。FREX 是對詞加權，偏重頻率高且不在其他主題中出現的詞。Lift 也是對詞加權，但只偏重不在其他主題中出現的詞。Score 也是對詞加權，但偏重不在其他主題中出現的詞的頻率。

```
> labelTopics(m)
Topic 1 Top Words:
        Highest Prob: 醫院，市長，感染，台北市，柯文哲，醫療，台北
        FREX: 柯文哲，病房，環南，院內，黃珊珊，篩檢站，院區
        Lift: 王亭，一峰，智菡，封院，虎林，陽明醫院，剝皮寮
        Score: 柯文哲，醫院，篩檢，快篩，市長，院內，台北市
Topic 2 Top Words:
        Highest Prob: 我，我們，口罩，網友，1922，說，民眾
        FREX: 網友，PO，留言，客人，vs，妳，葡萄
        Lift: 阿婆，女網友，店裡，一口，釣出，餓，阿姨
        Score: 網友，我，PO，口罩，1922，我們，客人
Topic 3 Top Words:
        Highest Prob: 例，確診，個案，新增，案，感染，中
        FREX: 例，境外移入，多歲，男性，新增，例為，Ct
        Lift: 總病，故無匡列，932，例疫，778，313，同船
        Score: 例，個案，案，確診，多歲，境外移入，採檢
```

圖 8-3　所有主題高頻詞的四種結果

圖形顯示高頻詞─線條圖

plot(m, type="summary", labeltype = "frex",family="Kaiti TC")

　　該程式碼也會出現每個主題高頻詞的線條圖，可以從中比較各主題的比例（如圖 8-4）。

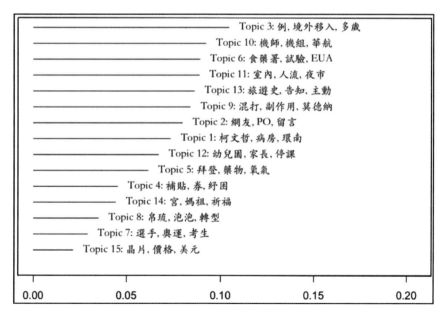

圖 8-4　所有主題高頻詞的線條圖

　　另外，也可以讓各主題製作出文字雲（如圖 8-5），程式碼如下：

圖形顯示高頻詞－文字雲

```
cloud(m, topic=10,family="Kaiti TC")
```

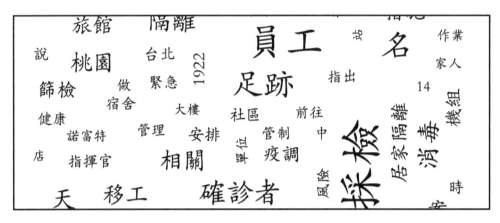

圖 8-5　第 10 個主題高頻詞的文字雲

　　主題命名的第二步驟是透過閱讀範例文檔來了解主題的內容。每個主題的高頻詞和關鍵詞因為脫離了文章本來的情境，可能會有多重涵義。為了避免主觀誤讀，還建議閱讀具有每個主題最高比例的 10 至 20 篇範例文章。程式碼如下：

找到範例文章的編號，並查看

```
thoughts=findThoughts(m,texts = d$content,n=2,topics=10)
d[1457,]
```

＊ 註：可改變 n 的數量，改變要輸出的文章數量。

　　圖 8-6 是將 2 篇跟主題 10 最相關的文章，存到 thoughts 這個物件中。RStudio 右上角的物件區會增加一個新物件 thoughts。點開後，可以看到第 1,457 和第 3,152 個檔案是與主題 10 最相關的 2 篇文章。直接打 d[1457,] 就可以看到整篇文章的內容了。

```
m                         List of  11                                    Q
pruned_vocab              11831 obs. of 3 variables                      ▦
sd                        Large list (6545 elements,  64.8 MB)           Q
thoughts                  List of  2                                     Q
    $ index:List of 1
    ..$ Topic 10: int [1:2] 1457 3152
    $ docs :List of 1
    ..$ Topic 10: chr [1:2] "華航機師染疫案，中央暫定國籍機與外籍機師居家檢疫...
```

圖 8-6　與主題最相關的 2 篇文章（藍色框線處）

五、第五步：考察每個主題和 metadata 之間的關係

Stm 套件有一個很方便的功能，就是可以直接考察每個主題的出現頻率和 metadata 之間的關係。廣義上講，metadata 包括我們讀進來的 d 的所有變項。最常見的 metadata 可以是文章發表的時間（date）和媒體類型（mediatype），所以下面以這兩個變項為例，講解程式碼。

在建立預測模型之前，我們會先將 date 和 mediatype 這兩個變項更正為正確的格式。因為時間變項的格式通常都比較複雜，因此我們會使用 lubridate 這個套件進行簡單的轉換。

更改 date 變項的格式為 date

```
library(lubridate)
d$date=date(d$date)
```

看看簡單的時間序列圖

```
summary(d$date)
d1=d%>%
  count(date)%>%
  plot(n)
```

估計模型，結果存在 prep

```
prep = estimateEffect(1:15 ~ date, stmobj = m, meta = d)
```

＊註：灰色的數字就直接代表要針對哪個主題（dependent variable）。～ 後面就是解釋變項（independent variable）。

讀取模型（prep）的結果

```
summary(prep,topics=1)
summary(prep,topics=2:15)
```

　　接下來再以媒體類型（mediatype）為例，建立一個兩個解釋變項的模型，也就是直接在 date 前面加一個 mediatype，其中 web media=2、traditional media=1。

建立模型

```
prep1 = estimateEffect(1:15 ~ mediatype+date, stmobj = m, meta = d)
```

讀取模型 prep1 的結果

```
summary(prep1,topics=10)
```

六、第六步：報告主題出現的比例、資料檔合併

提取出每篇文章中包含每個主題的比例，並存為新物件 dt

```
dt=make.dt(m)
```

計算整個文集中包含每個主題的比例

```
mean(dt$Topic1)
```

　　可以將每篇文章各主題的比例作為新變項跟舊的資料檔（d）進行合併，進行後續的統計分析，程式碼如下：

合併檔案

```
library(tidyr)
d1=full_join(dt,d,by = c("docnum" = "id"))
```

存檔做後續分析

```
save(d1,file="covidtopic.Rdata")
```

第三節　K-means 的原理和應用步驟

　　K-means 其實是一種集群分析的方法。它將所有的詞隨機分組，然後計算出各組內部每兩個點之間的距離，並且加總成為組內距離。兩點之間距離計算的方法有很多種，最常見的一種叫做 Euclidean distance。然後再計算各組中心點之間的距離，這個距離叫做 centroid distance，是每兩組之間所有兩點之間距離的平均值，這就代表組間距離。電腦透過計算，直到找到一種詞的分組方法，可以最大化組間距離、最小化組內距離。這種方法，說起來很合理，但是算起來卻非常複雜，需要耗費大量的運算資源，很多個人電腦都無法負荷。同樣，K-means 需要事先告訴電腦，要分幾個主題（幾組）。以下提供程式碼供讀者自己練習：

選擇三個主題

```
k5=kmeans(dtm, centers=3,iter.max=10)
```

＊註：分 3 組。

讀出 K-means 的結果

```
str(k5)
```

讀出詞的分組結果

```
dcluster=k5$cluster
```

轉換成 dataframe，並與 df 合併

```
d2=as.data.frame(cbind(df,dcluster))
```

讀出每組的高頻詞

```
top_terms=d2%>%
  group_by(dcluster)%>%
  top_n(10,n)%>%
  ungroup()%>%
  arrange(dcluster,-n)
```

畫圖

```
top_terms %>%
  mutate(word = reorder(word, n)) %>%
  ggplot(aes(word, n, fill = factor(dcluster))) +
  geom_col(show.legend = FALSE) +
theme(text=element_text(family="STHeitiTC-Medium", size=14))+facet_wrap(~
dcluster, scales = "free") +coord_flip()
```

Chapter 9

有監督式的機器學習

第一節　機器學習在文字探勘的應用

　　機器學習主要有兩種方式：監督式和無監督式。主要的區別是：監督式的機器學習有一個已知結果變項（被預測變項），而無監督式的機器學習沒有一個明確的結果變項（被預測變項），機器只是根據它們的現有特徵（預測變項）進行分類（如圖 9-1）。如同我們在第八章所介紹的主題建模（LDA），就屬於無監督式的機器學習。

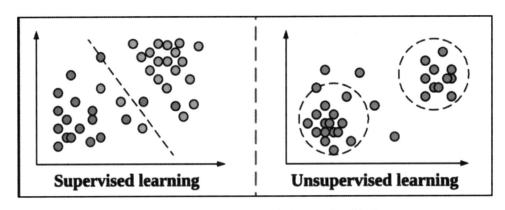

圖 9-1　監督式和無監督式機器學習比較圖

ResearchGate (2019, October). Retrieved from: https://www.researchgate.net/figure/Examples-of-Supervised-Learning-Linear-Regression-and-Unsupervised-Learning_fig3_336642133

　　在文字探勘的領域，無監督式的機器學習主要用於主題的發現，根據不同詞語常常共同出現的規律來找出可能的主題。因為在現實社會中確定的結果變項非常難以獲得，無監督式的機器學習雖然沒有確定的結果變項，但是可以幫助研究者對文本有一個概觀性的理解。它特別適用於人工內容分析特別複雜、耗時耗力，或者缺乏明確分類的情形。例如：圖 9-2 說明監督式的機器學習與無監督式的機器學習，分析步驟上的差異。左邊為監督式的機器學習，也叫做分類的演算法。它分為兩個小圖，也就是兩個步驟，上面的第一個步驟是透過既有的四個動物的標籤，學習一個預測模型。左邊下面的圖，就是用這個模型去預測一個新的動物，給它一個標籤；而右圖毫無標籤，只是機器根據相似性進行分群，所以也叫做集群演算法。

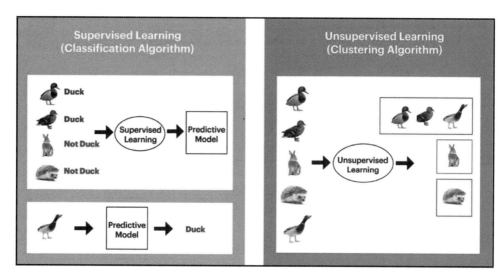

圖 9-2　監督式的機器學習（左）和無監督式的機器學習（右）的比較

　　先前章節有介紹過在對概念進行操作性定義的時候，如果概念明確，可以使用自上而下演繹式的字典法。本章節主要介紹監督式的機器學習。根據 Humphreys 和 Wang（2017）的觀點，這種方法常常用於需要測量的概念比較複雜和隱晦的內容變項，這些概念很難事先透過假設使用前面的字典法，提出一個比較準確的操作性定義。

　　在傳播學的領域，媒介框架這個概念就屬於這一類的概念，例如：研究者很難用事先制定好的字典來測量新冠疫情的新聞框架。本書就以「結果框架」作爲範例的測量概念，演示如何使用監督式的機器學習測量「結果框架」。

　　傳統的測量框架的方法是在文獻回顧的基礎上，先用小樣本的歸納法找出可能的框架，然後再找出這些框架可辨識的特徵，製作成編碼的規則，再請編碼員按照這個規則，對大樣本的報導內容進行人工編碼（內容分析）。在有了機器學習的方法後，研究者可以讓機器就人類編碼員的編碼結果進行學習。在確定機器模型的準確率達到一定標準之後，就可以對大量的文本進行分類。

　　根據 Humphreys 和 Wang（2017）的研究，使用這種監督式的機器學習對文章進行分類有兩個優點：第一個優點是它可以減少人工編碼的量，但卻有一個事先區分文章類別的清晰標準；另一個優點是字典法提供某個概念出現的強度，這種分類法可以提供文章的類別以及每篇文章屬於每個類別的可能性。另一方面，透過估計模型中的參數，它為文章類別和文章中使用的詞語與詞和詞之間的樣式（pattern）建立了明確的關係。因此，這個模型可以用來驗證研究假設和提供理論解釋。這樣的關係因為資料量龐大，用人工的方法很難發現。

　　具體來說，機器學習建立模型的預測變項（predictor，也叫解釋變項）是詞的 dtm（或 dfm），被預測變項（也叫結果變項）可以是新聞的類別或前面提到的隱晦概念（例如：框架）。但結果變項也可以是一個連續的數字，例如：一篇文章的回應文數量。作為範例的研究中，林應龍和禹良治（2017）的研究使用聯合報的報導內容預測候選人的得票率。陳世榮（2015）則是使用聯合報和自由時報的報導內容預測文章是否支持公投。Laver、Benoit 和 Garry（2003）則是使用政黨的宣言來預測政策的立場。

　　另外一個重要的說明，在機器學習領域，同樣存在著社會科學應用統計方法所採取的兩種不同的重要研究取向：預測和解釋。預測取向的研究，注重標籤（或者被預測變項的本身），因此建立模型的目的是最準確地預測標籤。例如：以圖 9-2 為例，它注重是否可以準確地辨識出鴨子。以回應文數為例，它重視哪篇文章的回應量最高。以結果框架為例，它注重的是是否能準確地辨識文中所含有的結果框架。另外，一種解釋的研究取向則是注重結果變項和解釋變項之間的關係，即理論。具體而言，在文字探勘領域即關心個別的詞和其他變項（標籤）之間的關係。預測取向在實際應用中非常有效率，也不糾結在過程發生了什麼以及為什麼。只要不斷的從統計技術上提升演算法、收集海量的資料和電腦的運算能力，就可以有效的達成。近年，這種取向的研究，多採用 Neural Networks（NN）或 K-nearest neighbors（k-NN）這種黑盒子的演算法（Humphreys & Wang, 2017），也叫 deep learning。但如果研究者並非以預測為主要目的，看重解釋的話，Logistic Regression、Naïve Bayes 和 Wordscores text model 可能是更好的選擇。本書所用的 quanteda.textmodels 這個套件對這三類的演算法，提供了評估模型（summary()）和檢查預測係數的功能（coef()）。

第二節　機器學習的定義和基本步驟

　　機器學習是現代最常見的人工智能（AI），核心目標就是讓機器找出 x（預測變項）和 y（被預測變項）的關係，用數學的方法就是找出 x 和 y 之間的函數 f。人類只能根據上帝留下來的足跡，從過去 x 和 y 關係的資料，來猜測 f，提出假設的函數 h，目的是讓 h 和 f 可以盡量接近。在尋找 f 的過程中，學者會使用不同的演算法來假設 x 和 y 的關係，也就得出很多不同的 h。每種演算法都會估計對應的 learnable parameter（可學習的參數）。有了這些參數（假設的 h）就可以算出文章的分類。在諸多假設的 h 中，研究者通常會選擇預測準確性最高的那個 h，也就是最接近上帝留下來的足跡的那個模型。因此，在訓練模型的時候只會使用部分有標籤的資料（例如：70%），會保留一些有標籤的資料（30%）來看不同的 h 預測的準確性，通常會選擇準確性最高的模型（h）。機器學習最基本的流程，如圖 9-3。

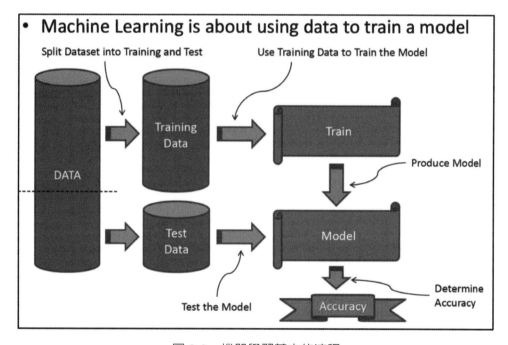

圖 9-3　機器學習基本的流程

Veronica Nassisi (2021, December). Retrieved from:https://www.researchgate.net/figure/Training-and-validation-scheme-for-machine-learning-methods-The-database-is-split-and_fig1_357570421

　　首先，先把已知 x 和 y 的資料集分成訓練集（training data）和測試集（test data）。然後使用訓練集的資料訓練（train）一個模型，產生 h（produce model）。再利用 h 中所包含的 learnable estimate 去預測測試集。最後，將利用模型預測出來的結果（預測變項），與測試集中原本的結果進行比較，來決定模型預測的準確度。

　　計算準確度最簡單的方法就是參考圖 9-4 中的混淆矩陣（confusion matrix），來計算正確預測的文章（instance）佔所有文章的比例。其中笑臉的部分是正確預測的數量，除以所有預測的數量，就是一般用來衡量準確度的 auc。

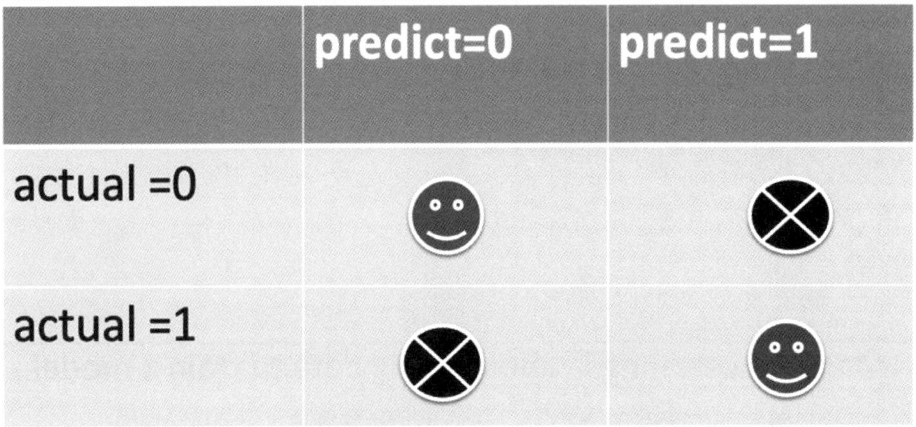

$$\text{Accuracy} = \frac{\text{No. Doc. On Diagonal}}{\text{Total No. Doc.}} = 0.65.$$

圖 9-4　混淆矩陣（confusion matrix）

第三節　機器學習的程式碼練習：迴歸模型

　　接下來，就用兩個範例來演示如何使用 R 來進行機器學習。機器學習的任務很多，主要分為分類（classification）和迴歸（regression）兩種類型。迴歸模型一般是針對連續的數字變項進行學習和預測。分類模型是針對類別變項進行學習和預測。第一個範例演示迴歸模型，所預測的變項是每篇文章得到的回應文的數量。第二個範例演示分類模型，所預測的變項是人工編碼的一個媒介框架。

　　值得指出的是機器學習的檔案和機器之後預測的檔案，必須具有類似主題的內容，否則建立的模型再好，也難以有準確的預測。通常的方法就是，從所有要分析的資料檔裡面隨機抽取一定數目的文章進行機器學習。將有標示的資料分成訓練集和測試集。訓練集用來訓練模型，測試集用來測試模型預測準確度的表現，然後再用訓練出來的模型預測無標示（unlabeled）的資料。

　　過去 R 的機器學習功能依照不同的任務和演算法，分布在許多不同的套件。但是因為文字變項有體積大和非結構化的特性，需要搭配文字處理相關的套件來進行機器學習。本書以 quanteda.textmodels 這個套件的程式碼來進行文字資料相關的機器學習說明。quanteda.textmodels 是 quanteda 套件的子套件，他們都使用自己的 dtm 格式，稱爲 dfm（document feature matrix）。使用 quanteda 進行機器學習，具體可分爲六個步驟。

一、讀入有標示的資料，並分成訓練集和測試集

讀入要學習的檔案（有標示）

```
load("sampledemo.Rdata")
library(dplyr)
d1=select(d,content,talklength)
d1$talklength=as.numeric(d1$talklength)
```

* 註：讀入有標示的資料檔（sampledemo.Rdata），並將要預測的結果變項 talklength 定義爲數字變項。

如前面提到，在機器學習前，一般要事前分割訓練集和測試集。當將資料分割成訓練集和測試集時，一般使用的分割比例是 8:2；也常有人用 7:3 或者 2:1。程式碼如下：

分成訓練的資料檔 train 和測試的資料檔 test

```
library(caTools)
set.seed(123)
split=sample.split(d1$talklength,SplitRatio=0.7)
train=subset(d1,split==TRUE)
test=subset(d1,split==FALSE)
```

二、分別對訓練集和測試集的文字資料建立 dfm

文字探勘中，機器學習所要使用的預測變項全部是文字或者文字變項（term），也稱爲 feature。在前一章有提到過，機器學習需要的資料格式爲 dtm（document term matrix）或者 dfm（document feature matrix），它是一個以檔案（document，變項名爲 id）和詞（term，變項名爲 word）爲維度，以詞頻爲值的矩陣。

同樣類似主題建模，dfm 中的詞要進行簡單的清理，使建模的 x（自變項）更具有意義，對預測 y（應變項）也更有幫助。否則帶入模型，只是增加電腦的

運算量，卻不能增加解釋力，甚至因為模型過於複雜而遭到處罰。根據林應龍和禹良治（2017）的研究，使用高頻詞和 tf-idf 進行關鍵詞的清理，對於模型的預測表現都有正面提升的作用。首先，先將訓練集的資料轉換成 dfm，再用 dfm_trim 進行修剪具體步驟如下：

斷詞

```
library(jiebaR)
cc=worker(byline=T,stop_word = "stop.txt",user = "coviduser.txt")
sd=segment(train$content,cc)
```

對訓練集的詞向量化，並轉換成 dfm

```
library(quanteda)
dfm_train=dfm(as.tokens(sd))
dim(dfm_train)
dfm_train=dfm_trim(dfm_train,
          # 設定詞頻大於 10
          # 設定出現於文章的比例大於 0.001 小於 0.5
```

用 tf-idf 值代替 dfm 中的詞頻，提高預測準確度

```
dfm_train_tfidf=dfm_tfidf(dfm_train)
```

對測試集進行同樣的步驟：斷詞、轉換成 dfm，清理和進行 tf-idf 的替換

```
sd1=segment(test$content,cc)
dfm_test=dfm(as.tokens(sd1))
dfm_test=dfm_trim(dfm_test,
          min_termfreq = 10,termfreq_type="count",
          min_docfreq = 0.001,max_docfreq = 0.5,
          docfreq_type = "prop")
dfm_test_tfidf=dfm_tfidf(dfm_test)
```

三、使用演算法從訓練集中學習，建立一個模型

　　迴歸模型一般是針對連續的數字變項進行學習。我們這邊就是以文章的回應

文數量作為被預測的變項。這裡使用的演算法為 SVM，它既可以預測連續的數字變項，也可以預測離散的類別變項。也就是說，既可以用於迴歸模型，也可以用於分類模型。首先，SVM 演算法的步驟和程式碼如下：

適配 SVM 模型

```
library(quanteda.textmodels)
svm_model=textmodel_svm(dfm_train_tfidf,train$talklength)
```

＊註：其中 train$talklength 就是註明要預測的結果變項是 talklength。

四、用模型預測測試集中的資料

用模型預測測試集中的資料

```
pred_svm=predict(svm_model,dfm_test_tfidf)
```

五、測量表現（measure model performance）

測量表現的方法，主要是使用測試集計算模型的準確度。林應龍和禹良治（2017）也是使用迴歸模型來預測候選人的得票率。考察模型預測表現的指標為實際得票率和預測得票率之間 MAE（Mean Absolute Error）和相關係數（Pearson's r correlation）。MAE 是一個錯誤的百分比，數值越小越好。相關係數 0-1，數字越高，代表模型的預測結果越好（如圖 9-5）。

讀出預測結果

```
a=data.frame(pred_svm)
test=cbind(a,test)
```

計算預測的錯誤率 MAE

```
library(Metrics)
mae(test$talklength,test$pred_svm)
```

計算預測值與實際值的相關性

```
cor.test(test$talklength,test$pred_svm)
```

```
> library(Metrics)
> mae(test$talklength,test$pred_svm) #8.2%
[1] 8.205075
> cor.test(test$talklength,test$pred_svm)#.08-->09(tfidf)-->.03(trim)

        Pearson's product-moment correlation

data:  test$talklength and test$pred_svm
t = 1.3407, df = 1929, p-value = 0.1802
alternative hypothesis: true correlation is not equal to 0
95 percent confidence interval:
 -0.01411497  0.07501681
sample estimates:
       cor
0.03051157
```

圖 9-5　範例中模型的預測準確率（藍色框線處）

六、用訓練好的模型預測未標示的資料

接下來就要讀入未標示的內容資料，請電腦使用我們建立的模型對每篇文章，就我們所要預測的變項進行預測。

讀入未標示的內容資料，並建立 dfm

```
load("rawcodingdata.Rdata")
sd5=segment(d5$article,cc)
dfm_new5=dfm(as.tokens(sd5))
dfm_new5_tfidf=dfm_tfidf(dfm_new5)
```

對新的資料檔進行預測

```
pred_svm5=predict(svm_model,dfm_new5)
```

存成新的資料檔

```
a5=data.frame(pred_svm5)
d5=cbind(a5,d5)
```

第四節　機器學習的程式碼練習：分類模型

　　文字探勘大部分的任務類型屬於分類，也就是分析某一篇文章是否屬於某個類別，例如：屬於某一種媒介框架。進行文件分類的演算法有很多種，這裡使用文字探勘中最常見的四種分類用的演算法：SVM（support vector machine）、logistic regression（glmnet）、Naïve Bayes 和 Wordscores text model。

　　針對文章的分類，存在不同類型的演算法。他們的主要功能在於限制function 的範圍，並且找出可以學習的係數（parameter）。圖 9-6 說明，演算法基本設定了不同的假設空間（hypothesis spaces）。例如：logistic regression（左上）對應的就是直線，可學習的 parameters 就是這條直線的斜率和截距。

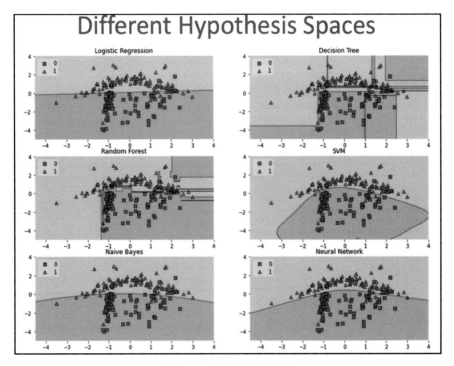

圖 9-6　不同空間假設

Martin (2016, January 19). Retrieved from:https://martin-thoma.com/comparing-classifiers/

如前面提到過的，每個演算法都有相應的可學習（預測）的係數，研究者若對某個演算法有深入了解，還可以透過調整這些係數的設定，提高模型的預測準確度。但是，值得指出的是，提高預測準確度最根本的方法是改變預測變項，而非調整演算法。

這裡介紹除了 SVM 之外，另外三種常用於分類的機器學習方法：logistic regression(glmnet)、Naïve Bayes 和 wordscores text model，但本書不會深入介紹這三種演算法的統計方法。接下來呈現的範例的任務是讓機器學習人工編碼的媒介「結果框架」，並對未進行人工編碼的資料進行預測。

一、SVM（SUPPORT VECTOR MACHINE）

讀入已標注的資料，並分成訓練集和測試集

```
load("rawcodingdata.Rdata")
d1=select(d5,article, 後果 )
d1=rename(d1,frame_conseq= 後果 )
set.seed(123)
split=sample.split(d1$frame_conseq,SplitRatio=0.7)
train1=subset(d1,split==TRUE)
test1=subset(d1,split==FALSE)
```

為訓練集和測試集建立 dfm

```
sd2=segment(train1$article,cc)
dfm_train1=dfm(as.tokens(sd2))
dfm_train1=dfm_trim(dfm_train1,
        min_termfreq = 10,termfreq_type="count",
        min_docfreq = 0.001,max_docfreq = 0.5,
        docfreq_type = "prop")
dfm_train1_tfidf=dfm_tfidf(dfm_train1)
sd3=segment(test1$article,cc)
dfm_test1=dfm(as.tokens(sd3))
dfm_test1=dfm_trim(dfm_test1,
        min_termfreq = 10,termfreq_type="count",
        min_docfreq = 0.001,max_docfreq = 0.5,
        docfreq_type = "prop")
dfm_test1_tfidf=dfm_tfidf(dfm_test1)
```

適配 SVM 模型

```
svm_model1=textmodel_svm(dfm_train1_tfidf,train1$frame_conseq)
```

使用測試集進行預測

```
pred1=predict(svm_model1,dfm_test1_tfidf)
```

檢查模型的測試表現

```
a2=data.frame(pred1)
test1=cbind(a2,test1)
table(test1$pred1,test1$frame_conseq)
glmnet:::auc(test1$frame_conseq, test1$pred1)
```

　　分類模型的表現通常使用 confusion matrix（如圖 9-4）當中準確預測的文章（笑臉的部分），佔所有的預測文章的比例。在程式碼中，我們使用 glmnet 這個套件所包含的 auc() 功能來計算這個比例。

二、LOGISTIC REGRESSION

對訓練集建立 logistic regression 的模型

```
lr_model=textmodel_lr(dfm_train1_tfidf,train1$frame_conseq)
summary(lr_model)
coef(lr_model)
```

使用測試集評估模型表現

```
pred_lr=predict(lr_model,dfm_test1_tfidf)
test1=cbind(a3,test1)
table(test1$pred_lr,test1$frame_conseq)
glmnet:::auc(test1$frame_conseq, test1$pred_lr)
```

　　在這邊需要指出一個機器學習中常見的問題，就是模型對訓練集過度適配（overfit）。過度適配像是圖 9-7 中的床或者狗窩，使得模型太剛好了，無法用於其他資料。

圖 9-7　模型試配範例

Jason Mayes (2020, August 21). Retrieved from:https://twitter.com/jason_mayes/
status/1296599149748551680; Jack Raifer Baruch (2022, January 19). https://twitter.com/jackraifer/
status/1483809204330962944

　　爲了避免這個問題，有一種解決方案就是使用 cross-validate 的方法。也就是
把測試集分成 k 份，每次取其中 k-1 份資料訓練模型，用剩餘的一份做測試，然
後重複 k 遍。最後參數估計的結果，可以是 k 次估計結果的平均值。Quanteda.
textmodels 套件中沒有這個功能，因此，我們以 glmnet 這個套件爲例，程式碼如
下：

cross-validate 方法

```
library(glmnet)
lasso = cv.glmnet(x = dfm_train1_tfidf, y = train1$frame_conseq == 1),  alpha = 1,nfold
= 5, family = "binomial")
```

＊註：nfold 爲決定要分幾份。

　　前面曾經提到，解釋取向的研究會想看到底哪些詞與標籤（結果框架）最爲
相關，因此會提取模型估計出來的係數來進行解讀。下面的圖形（如圖 9-8）中
就是如何從 lasso 這個結果中，提取 beta 進行解讀。其中，「同事」這個詞對結
果框架的影響力最大。

```
> lasso$lambda.min
[1] 0.0297289
> index_best <- which(lasso$lambda == lasso$lambda.min)
> beta <- lasso$glmnet.fit$beta[, index_best]
> head(sort(beta, decreasing = TRUE), 20)
     同事          創        留在        狀態        再增        惡化    tinyurl
0.4151245 0.2780678 0.2693808 0.2676735 0.2611626 0.2567346 0.2519756
     銷售        衝擊    外電報導      高達          歲        震驚          達
0.2388023 0.2356990 0.2291086 0.2213951 0.1865291 0.1787117 0.1770525
     發病        首都        月初      元台幣        城        年來
0.1753308 0.1714062 0.1543637 0.1524183 0.1484140 0.1410269
```

圖 9-8　結果輸出

三、NAÏVE BAYES

對訓練集建立 Naïve Bayes 的模型

```
nb_model=textmodel_nb(dfm_train1_tfidf,train1$frame_conseq)
summary(nb_model)
coef(nb_model)
```

使用測試集評估模型表現

```
pred_nb=predict(nb_model,dfm_test1_tfidf)
a4=data.frame(pred_nb)
test1=cbind(a4,test1)
glmnet:::auc(test1$frame_conseq, test1$pred_nb)
```

從結果中讀取 parameter 的估計值

```
summary(nb_model)
c=data.frame(coef(nb_model))
```

　　結果存成 c，點開後如圖 9-9。第三欄 x1 為預測係數，排序後列出了最重要的預測詞。

	X0	X1
例	6.702625e-03	0.004013970
中國	2.745009e-03	0.003574484
鳳梨	8.706959e-06	0.003130248
の	1.334857e-04	0.002753451
完整	2.250092e-03	0.002645830
日本	1.301974e-03	0.002629306
影響	7.916105e-04	0.002477003
し	1.186898e-04	0.002460769
た	1.003593e-04	0.002460769
に	8.202885e-05	0.002423751

圖 9-9　Naïve Bayes 模型參數的輸出結果

四、WORDSCORES TEXT MODEL

Wordscores text model 是 Laver 等人（2003）提出的方法，很適合測量比較抽象的概念，例如：政治立場。這個方法具體的執行步驟可以參考他們的文章，其中有非常詳細的說明。

對訓練集建立 wordscores text model

```
ws_model=textmodel_wordscores(dfm_train1_tfidf,train1$frame_conseq)
summary(ws_model)
coef(ws_model)
```

對於估計出來的係數可更仔細的觀察，哪些詞對分類結果的預測力最大（如圖 9-10）。因為結果是 dfm 的格式，所以還需要先轉換成 dataframe，再做排序。

轉換成 dataframe

```
c=data.frame(coef(ws_model))
top_n(c,30)
```

▲	coef.ws_model.	⇕
中國	0.30905873	
大陸	0.17603323	
武漢市	0.40050678	
病例	0.35785682	
疾病	0.23496072	
管制	0.10399113	
31	0.19577138	
疾控中心	0.10431668	

排序

⇕	coef.ws_model.	▼
首季	1.0000000	
主計	1.0000000	
訪日	1.0000000	
幹	1.0000000	
賣壓	1.0000000	
花王	1.0000000	
跌破	1.0000000	
惠譽	1.0000000	
pchome	1.0000000	

圖 9-10　輸出結果（點選藍色框線處排序；右圖為排序後結果）

使用測試集評估模型表現

```
pred_ws=predict(ws_model,dfm_test1_tfidf,force=T)
a3=data.frame(pred_ws)
test1=cbind(a3,test1)
table(test1$pred_ws,test1$frame_conseq)
glmnet:::auc(test1$frame_conseq, test1$pred_ws)
```

```
> #check performance
> a4=data.frame(pred_ws)
> test1=cbind(a4,test1)
> glmnet:::auc(test1$frame_conseq, test1$pred_ws)#.84
[1] 0.8414481
```

圖 9-11　評估模型輸出結果（藍色框線處）

　　通常在比較了不同的演算法所創建的模型在測試集上的預測表現之後，我們就會選擇一個預測最準確的模型來預測未標示的資料。從圖 9-11 中的結果可以看出，wordscores text model 在所有的模型中預測準確性表現最好。因此，使用以下的程式碼用 wordscores text model 對未標示的資料（sampledemo.Rdata）進行預測。

對末標示的資料（sampledemo.Rdata）進行預測

```
sd_new=segment(d$content,cc)
dfm_new=dfm(as.tokens(sd_new))
dfm_new_tfidf=dfm_tfidf(dfm_new)
ws_conseq=predict(ws_model,dfm_new_tfidf)
a4=data.frame(ws_conseq)
d2=cbind(a4,d)
mean(d2$ws_conseq)
```

　　如圖 9-12 所示，新的資料檔（d2）會比之前的 d 多出一個變項 ws_conseq，且 ws_conseq 是一個百分比，代表屬於結果框架的可能性。

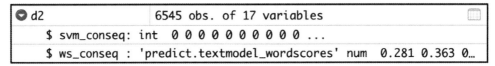

圖 9-12　ws_conseq 輸出結果

　　最後，再以測試結果次佳的 SVM 模型為例，進行新資料的標示。新的 d2 又會比之前的 d2 多出一個變項 svm_conseq，但 svm_conseq 是一個 0 和 1 的整數，直接代表這篇文章是否屬於結果框架（1= 是，0= 不是）。

新資料的標示

```
svm_conseq=predict(svm_model1,dfm_new_tfidf)
a5=data.frame(svm_conseq)
d2=cbind(a5,d2)
```

Chapter 10

詞的關係

第一節　前言

在前幾個章節，通常都把單個詞作爲分析的對象。這一章中我們主要在考察詞和詞之間的關係，內容包括兩大類：一類是 bigram、另一類是共現詞。前者從斷詞的時候，就不再是斷成一個一個的詞，而是斷成兩個兩個的詞。後者主要是考察兩個詞共同出現的規律，跟 bigram 相比，這兩個詞不再是緊接著出現，而是在一定的範圍內共同出現。這個範圍可能是同一篇文章、同一句話，或者幾個字的距離（研究者根據需要自己設定）。

第二節　Bigram 及其應用

一、Bigram 的製作

Bigram 是兩個連續詞的組合，是 ngram 的一種形式（n=2）。除了 bigram，還有 trigram（n=3）。一般的斷詞套件，都有製作 bigram 的功能。本課主要介紹兩種方法，一個是透過我們比較熟悉的 tidytext 套件，另一個是 quanteda.textstats 套件。

常用的 tidytext 套件，可以直接將文字變項變成 bigram 的列表。程式碼如下：

將 df 中的 content 變項變成 bigram

```
library(tidytext)
b = df %>%
  unnest_tokens(bigram, content, token = "ngrams", n = 2)
```

如圖 10-1 所示，斷好的 bigram 是一個獨立的變項，型態很像 tidyformat 中的 word。

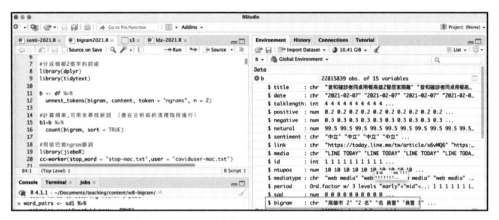

圖 10-1　斷詞後的 bigram（藍色框線處）

二、Bigram 的詞頻計算

看 bigram 的頻率並排序

```
b1=b %>%
  count(bigram, sort = TRUE)
```

排序後 bigram 的結果，如圖 10-2。

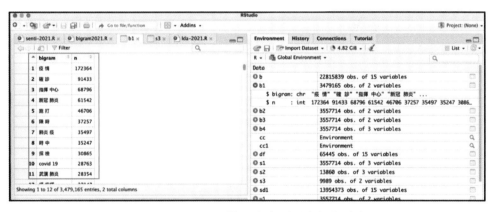

圖 10-2　bigram 變項內容（藍色框線處）

三、Bigram 的應用

（一）查找和替換複合詞（COMPOUND WORDS）

Bigram 最常用到的地方就是檢查斷詞的結果，是否有漏掉一些人名、地名、專有名詞和複合詞。從圖 10-2 的結果可以發現，很多高頻的 bigram 其實是未斷好的詞，包括人名之類的專有名詞。最常用的解決方法就是將這些詞加入用戶字典，再用 jiebaR 進行斷詞。雖然 jiebaR 可以斷詞並直接轉換成 bigram 的列表，但是如果目的是檢查組合詞，就建議使用 quanteda.textstats 套件中的 textstat_collocations 的功能。在 quanteda 套件中，bigram 就是 collocation。這個 textstat_collocations 的功能本身有一個統計值 lambda 及伴隨的 Z 值，是由 Blaheta 和 Johnson（2001）提出的，它可以計算每個 collocation 是否適合成為一個多詞的表達方式（forming the set of eligible multi-word expressions）。製作 collocation 的程式碼如下：

結巴斷詞

```
library(jiebaR)
cc=worker(byline=T,stop_word = "stop-mac.txt",user = "coviduser-mac.txt")
sd=segment(d$content,cc)
```

製作 bigram，並按頻率排序

```
library(quanteda)
itoken=as.tokens(sd)
library(quanteda.textstats)
bigram=textstat_collocations(itoken,size=2,min_count=10)
head(bigram)
top_n(bigram,10,lambda)
```

結果如圖 10-3，我們可以看到每個 collocation 都有一個前面提到的 lambda 值。

Quanteda.textstats 套件，還有一個 tokens_compound 的功能，直接把高頻的 collocations 從兩個兩個單獨的詞，替換成一個一個複合詞。圖 10-4 中產生的 bigram1，就是替換後的結果。之後根據 bigram1 製作的 dfm，都會使用複合詞，提高後續預測模型的準確性。

```
R ▾ | Global Environment ▾
Data
bigram              10471 obs. of 6 variables
  $ collocation : chr  "新冠肺炎 疫情" "管制 措施" "1922 專線" "因應 新冠肺炎" ...
  $ count       : int  3278 2377 2278 2329 2314 2252 2313 2272 1368 2254 ...
  $ count_nested: int  0 0 0 0 0 0 0 0 0 0 ...
  $ length      : num  2 2 2 2 2 2 2 2 2 2 ...
  $ lambda      : num  4.9 7.57 7.79 6.9 4.74 ...
  $ z           : num  180 167 165 163 152 ...
  - attr(*, "types")= chr [1:80427] "高雄市" "名" "員警" "1月" ...
```

圖 10-3　bigram 變項內容（藍色框線處）

```
> bigram1=tokens_compound(itoken,pattern=bigram)
> head(bigram1)
Tokens consisting of 6 documents.
text1 :
 [1] "高雄市"             "名_員警"           "1月_底"
 [4] "新冠肺炎_確診者"  "同桌_吃飯"         "足跡"
 [7] "確認"               "被匡列_居家隔離"  "67"
[10] "名_員警"            "自主_管理"         "轄區"
[ ... and 92 more ]

text2 :
 [1] "中央社"    "巴黎"     "日"      "綜合"        "外電報導"
 [6] "法新社"    "彙_整"    "官方"    "數據_顯示"  "格林威治"
[11] "標準"      "時間"
[ ... and 211 more ]
```

圖 10-4　替換後的結果

（二）用規則法測量概念

另外，bigram 還可以用來定義一些重要的概念。例如：在內容分析中，學者常常關心的一個變項叫做引用來源。根據規則法，就可以定義爲 bigram 的第二個詞是常用的表達詞，例如：「說」、「表示」、「指出」、「提到」、「稱」、「認爲」、「強調」、「聲明」等詞。因爲 bigram 是一個變項，其中的值是中間用空格隔開的兩個詞，所以需要先用 tidyr 套件中的 separate 將其分成兩個獨立的變項（word1 和 word2），每個變項具有一個詞。程式碼如下：

變成兩個獨立的變項

```
library(tidyr)
s1 = b3%>%
  separate(char, c("word1", "word2"), sep = " ")
```

*註：用 separate 將 bigram 變成兩個獨立的變項 word1 和 word2。

圖 10-5 中的 s1，就是 separate 之後的結果。

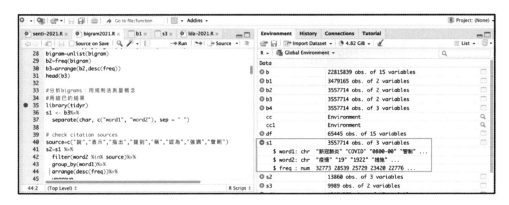

圖 10-5　s1 在 separate 之後的結果（藍色框線處）

以下的程式碼，是用來測量引用來源這個變項。

定義字典 source

```
source=c(" 說 "," 表示 "," 指出 "," 提到 "," 稱 "," 認為 "," 強調 "," 聲明 ")
```

保留 word2 中是字典 source 中有的詞

```
s2=s1 %>%
  filter(word2 %in% source)%>%
  group_by(word1)%>%
  arrange(desc(freq))%>%
  ungroup
```

*註：只保留 word2 中是字典 source 中有的詞，這時 word1 中留下的詞就是表達的主體（消息來源）。

計算 word1 中的表達主體被引用的次數，並進行排序

```
s3=s2%>%
  group_by(word1)%>%
  summarise(total=sum(freq))%>%
  arrange(desc(total))
```

第三節　共現詞（concordance）

前面練習的 ngram 中所有的詞都是緊鄰的關係，但是共同出現的形式很多樣，大多數情況是詞和詞之間有一些距離共同出現。這個距離可以是在同一篇文章中出現，也可以是在某一個具體的前後範圍（window）中出現，例如：前後 5 個詞（window=5）。根據這種共同出現的規律，可以來計算詞和詞之間的關係，也可以看出詞所代表的概念具有哪些含義和屬性。並且可以透過 Keyness 的統計方法，找出某個詞所代表的概念獨特的含義和屬性。

一、詞的關係一：出現在同一篇文章中

一般來講，在考察詞的關係時，常使用的一個方法是看每兩個詞共同出現在同一篇文章中的頻率。例如：在盧安邦和鄭宇君老師的文章中就介紹了「點式共通資訊」的概念（pointwise mutual information, PMI; Church & Hanks, 1990）。它是透過兩個詞共同和單獨出現在指定距離間的比例，來計算兩個詞的關係，具體的公式為：

$$\text{PMI}\,(word_1, word_2) = \log_2\left[\frac{\text{p}(word_1\ \&\ word_2)}{\text{p}(word_1)\,\text{p}\,(word_2)}\right]$$

套件 widyr 裡面有一個計算詞和詞之間關係的功能 pairwise_cor()，同時考慮了兩個詞共同出現、共同不出現和單獨出現的頻率（如表 10-1），phi 的計算公式如下：

$$\varphi = n11 * n00 - n10 * n01/\sqrt{n1. * n0. * n.1 * n.0}$$

表 10-1　詞的變項（參照以上公式）

	有文字 y	沒有文字 y	總和
有文字 x	$n11$	$n10$	$n1.$
沒有文字 x	$n01$	$n00$	$n0.$
總和	$n.1$	$n.0$	n

　　值得注意的是，phi 所考慮的詞和詞的共現範圍為同一篇文章。因此，用 jiebaR 斷詞的時候要透過設定參數 byline=T 來保留文章位置的資訊。計算 phi 的程式碼如下：

斷詞

```
sd1=d%>%
  unnest_tokens(word, content, token=function(x)segment(x,cc))
```

安裝並啟動套件

```
library(widyr)
```

計算 phi，並看高頻的共現詞

```
word_cors = sd1 %>%
  group_by(word) %>%
  filter(n() >= 10000) %>%
  pairwise_cor(word,id, sort = TRUE)
head(word_cors)
```

*註：用 pairwise_cor() 計算 phi，並按照 phi 的大小進行排序。因為計算量很大，所以建議可以先透過詞頻進行篩選。

　　計算結果存在 word_cors 這個新的物件中。如圖 10-6 藍色框線處可以看到，word_cors 包含三個變項：第一個詞（item1）、第二個詞（item2）和兩個詞之間的相關性（correlation phi）。

圖 10-6　phi 計算結果（藍色框線處）

接下來，可以針對研究者感興趣的部分，考察某個詞（概念）關係最緊密的詞（概念），可以把這些關係緊密的詞解釋為這個詞的重要屬性。下面以「疫苗」這個詞為例，考察它的重要屬性：

篩選出與「疫苗」這個概念關係最強的詞

```
wp1=word_cors %>%
  filter(item1 == " 疫苗 ")
```

如果用柱狀圖顯示高頻的屬性，結果如圖 10-7，可以用以下的程式碼：

用柱狀圖顯示高頻的屬性

```
library(ggplot2)
wp1 %>%
  top_n(15) %>%
  ungroup() %>%
  mutate(item2 = reorder(item2, correlation)) %>%
  ggplot(aes(item2, correlation)) +geom_bar(stat = "identity") +theme(text=element_
  text(family="STHeitiTC-Medium", size=14))+coord_flip()
```

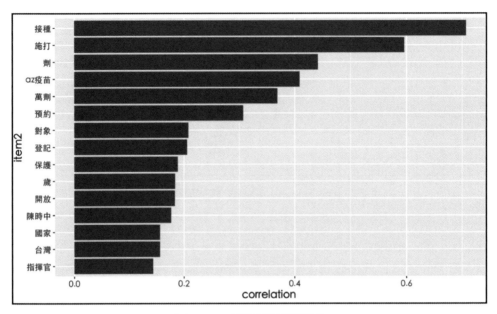

圖 10-7 柱狀圖結果顯示

二、詞的關係二：出現在一定的距離內

跟 widyr 套件相比，quanteda 套件可以先設置共同出現的範圍，再考察共現詞出現的頻率。

（一）看關鍵詞的高頻共現詞

分析某個關鍵詞（概念，例如：「疫苗」）的高頻共現詞的時候，quanteda 會先製作一個共現詞的矩陣，叫做 feature co-occurrence matrix（fcm），使用的指令為 fcm()，在參數中透過 context="window"，size=n 來設定共現窗口的大小。下面例子中的程式碼是讓 n=7，也就是考察每 2 個詞在 7 個詞範圍內的共現關係。另外，quanteda 雖然有自己的斷詞器，但斷詞結果沒有 jiebaR 完善，所以還是會使用結巴斷詞的結果 sd。

安裝和啟動 quanteda 套件

```
install.packages("quanteda")
library(quanteda)
```

定義結巴斷詞的結果為 token

```
itoken=as.tokens(sd)
```

製作共現詞矩陣

```
fcm=fcm(itoken,context="window",size=7)
```

　　如圖 10-8 所示，fcm 是一個矩陣，行和列分別是 2 個詞，中間的數字（右上角的三角形中）就是 2 個詞在 7 個詞的距離內共同出現的頻率。斜線上的數字是詞頻。

```
> fcm
Feature co-occurrence matrix of: 225,231 by 225,231 features.
          features
features   高雄市   名   員警  1月  底  新冠肺炎 確診者 同桌 吃飯 足跡
  高雄市     396  141   66    7   29     157    111   34   28   66
  名           0 6262  188   88   60     823   1225   98   73  369
  員警         0    0  428   14    8      83    125   48   67   31
  1月          0    0    0  582  118     141     83    8   11   27
  底           0    0    0    0  110      97     31    6    8   25
  新冠肺炎     0    0    0    0    0     778    609   25   55  340
  確診者       0    0    0    0    0       0   1334   76   77 3250
  同桌         0    0    0    0    0       0      0    8   81   15
  吃飯         0    0    0    0    0       0      0    0  184   13
  足跡         0    0    0    0    0       0      0    0    0 1404
```

圖 10-8　fcm 矩陣

　　計算出來 fcm 之後，接下來就可以把其中與「疫苗」高頻共現的詞讀取出來。使用的程式碼如下：

「疫苗」高頻共現詞（前 20 個）

```
topfeatures(fcm[" 疫苗 ", ], 20)
```

（二）看高頻共現詞（屬性）的統計顯著性：KEYNESS

　　如何找到重要的屬性呢？共現頻率高的詞不一定重要或者具有獨特性，因為某些詞本來就常出現。為了控制這個因素，quanteda 提供一種分析方法叫做

Keyness 分析，它的基本原理是，比較在這個規定範圍內共同出現的某個詞，與這個詞不在這個範圍內出現的頻率進行比較，看兩者是否具有統計上的顯著差異，使用的統計方法是 chi-square。在這個過程中 quanteda 要求使用 dfm 格式，dfm 的全稱爲 document feature matrix，類似之前學過的 dtm（document term matrix），其結果呈現如圖 10-9。以 BNT 這個詞爲例，看它的關鍵屬性具體的程式碼如下：

只選取關鍵概念（BNT）前後 5 個詞範圍內的詞

```
t1=tokens_keep(itoken, pattern=phrase("BNT"), window=5)
```

做成 dfm1

```
dfm1=dfm(t1)
```

選取關鍵概念（BNT）前後 5 個詞範圍之外的所有詞

```
t0=tokens_remove(itoken,pattern=phrase("BNT"), window=5)
```

做成 dfm0

```
dfm0=dfm(t0)
```

針對每一個詞，計算詞頻差異的顯著性

```
key=textstat_keyness(rbind(dfm1,dfm0),seq_len(ndoc(dfm1)))
```

＊註：比較它在這兩個 dfm 中出現的頻率，並提供 chi2 統計檢定。

找出 chi-square 值最大的 50 個詞

```
head(key,50)
```

圖 10-9　Keyness 結果（藍色框線處）

（三）關鍵共現詞的情緒分析

接下來，還可以針對這些對目標概念最重要的關鍵詞進行情緒分析，程式碼如下：

讀取一個離散情緒 anxiety 的字典

```
load("cliwc.Rdata")
anxiety=cliwc%>%
filter(c1=="Anx"|c2=="Anx"|c3=="Anx"|c4=="Anx"|c5=="Anx")%>%
 select(word)
```

看 key 裡面哪些 anxiety 的詞有顯著性

```
key%>%
 inner_join(anxiety,by=c("feature"="word"))%>%
 head(20)
```

從圖 10-10 console 的結果中可以看到，「猶豫」這個詞在兩個 dfm 中區別最大。因為所有與 anxiety 有關的情緒詞的 chi2 都沒有達到統計的顯著水準，代表 BNT 不常與 anxiety 相鄰共現。

圖 10-10 是 Keyness 分析和情緒分析的結果，也就是所有表達焦慮的字與關鍵詞 BNT 之間關係，所對應的 Keyness 分析的結果。Keyness 分析結果的重要指標為 n_target，也就是某個詞在關鍵詞 BNT 附近出現的頻率；另外一個指標是 n_reference，也就是這個詞在其他地方出現的頻率。此外，chi2 就是針對這兩個頻率進行卡方檢定的結果，包括兩個指標。一個是卡方對應的 F 值，另外一個是這個 F 值所對應的 P 值（p-value）。通常 P 值要小於 0.05 才說明具有統計上的顯著性，也就是說，這個詞在 BNT 周圍出現的頻率顯著高於在其他地方出現

的頻率。圖 10-10 中因為所有的詞的 P 值都沒有小於 0.05，代表 BNT 這個詞並未與任何表達焦慮的詞較常出現。（圖中藍色框線為 Keyness 分析結果的重要指標）

	feature	chi2	p	n_target	n_reference
1	猶豫	3.3416740287	0.06754586	4	193
2	強迫	0.9744216761	0.32357990	5	404
3	妨礙	0.4222189185	0.51583192	2	126
4	受不了	0.2424736648	0.62242518	2	143
5	荒謬	0.0891555291	0.76525348	1	106
6	煩惱	0.0005814695	0.98076193	2	281
7	掙扎	-0.0001031885	0.99189509	0	73
8	躲避	-0.0001031885	0.99189509	0	73
9	驚嚇	-0.0015008167	0.96909738	0	76
10	焦急	-0.0032698576	0.95439968	0	78
11	心煩意亂	-0.0069966868	0.93333773	0	1
12	心神不寧	-0.0069966868	0.93333773	0	1
13	怕羞	-0.0069966868	0.93333773	0	1
14	煩擾	-0.0069966868	0.93333773	0	1
15	膽怯	-0.0069966868	0.93333773	0	1

圖 10-10　Keyness 分析和情緒分析結果顯示

（四）計算關鍵詞之間的相似度

　　之前有提到 word embedding 的概念，也就是用一個詞周圍的詞來代表它的意義。之前提到的是，用這種表示詞語的方法，可以大幅度減少 dtm 的運算負擔。它還有另外一種功能就是根據每個詞周圍的字，計算詞和詞間的相似度。具體步驟是，先用 text2vec 套件計算出詞和詞之間的相對向量，使每個詞可表述為與前後 5 個詞共同出現的向量。獲得每個詞的向量後，再使用「餘弦相似度」，來比較 2 個詞的相似度。計算相對向量之前要製作一個類似 fcm 的 tcm（term co-occurrence matrix），與「疫苗」相似詞的結果如圖 10-11。程式碼如下：

製作詞表

```
library(text2vec)
it = itoken(sd)
vocab = create_vocabulary(it)
pruned_vocab = prune_vocabulary(vocab,term_count_min = 10,
                    doc_proportion_max = 0.5,
                    doc_proportion_min = 0.001)
```

向量化並製作 tcm（window=5）

```
vectorizer = vocab_vectorizer(pruned_vocab)
tcm = create_tcm(it, vectorizer, skip_grams_window = 5L)
```

定義 GloVe 的演算法，並對 tcm 進行壓縮

```
glove = GlobalVectors$new(rank = 50, x_max = 10)
wv_main = glove$fit_transform(tcm, n_iter = 10, convergence_tol = 0.01, n_threads = 8)
```

提取出兩組詞向量的係數，並加總

```
wv_context = glove$components
word_vectors = wv_main + t(wv_context)
```

計算每個詞與關鍵詞（e.g.「疫苗」）的相似性，並找出最相似的詞

```
vac = word_vectors[" 疫苗 ", drop = FALSE]
cos_sim = sim2(x = word_vectors, y =vac, method = "cosine", norm = "l2")
head(sort(cos_sim[,1], decreasing = TRUE), 10)
```

```
> cos_sim = sim2(x = word_vectors, y =vac, method = "cosine", norm =
  "l2")
> head(sort(cos_sim[,1], decreasing = TRUE), 10)
      疫苗        施打        接種      AZ疫苗         劑         BNT
 1.0000000   0.8408774   0.8294153   0.7819056   0.7434675   0.7045965
  莫德納疫苗        未來          AZ        台灣
 0.6801433   0.6785082   0.6563856   0.6524119
```

圖 10-11　「疫苗」相似詞的結果

（五）詞的網絡

　　因為有了兩個詞兩個詞之間的關係（例如：共同出現的頻率或者 correlation），就可以用社會網絡分析的方式來顯示網絡圖，分析網絡的特徵，每個點位置的特徵和網絡之間的關係。這裡先介紹網絡圖，下一章會具體地介紹如何進行社會網絡分析。

　　我們以 p.126 圖 10-5 中的 s1 為例，這樣的資料形式叫做 edge list。第一個

變項（word1）和第二個變項（word2）是社會網絡圖中的「點」，第三個變項（freq）代表兩個點之間的關係，也就是社會網絡圖中的「邊」，如圖 10-12。

　　社會網絡的資料有很多自己獨特的計算方式，將在後面的相關章節中具體講解。我們這一章只是先了解社會網絡資料的轉換和社會網絡圖的繪製方法。特別要提醒的是，因為社會網絡圖中不宜容納過多的點，因此通常會透過詞頻或者相關性進行一些過濾。具體的程式碼如下：

安裝並啟動 igraph 套件

```
install.packages("igraph")
library(igraph)
```

將 edgelist 變為社會網絡資料，並存為 bigram_graph

```
bigram_graph=s1%>%
  filter(freq>5000)%>%
  graph_from_data_frame()
```

安裝並啟動 ggraph 套件

```
install.packages("ggraph")
library(ggraph)
```

畫圖

```
ggraph(bigram_graph, layout = "fr") +
  geom_edge_link() +geom_node_point() +
geom_node_text(aes(label = name), vjust = 1, hjust = 1,family="STHeitiTC-Medium")
```

　　Bigram 頻率的網絡圖，如圖 10-12 所示：

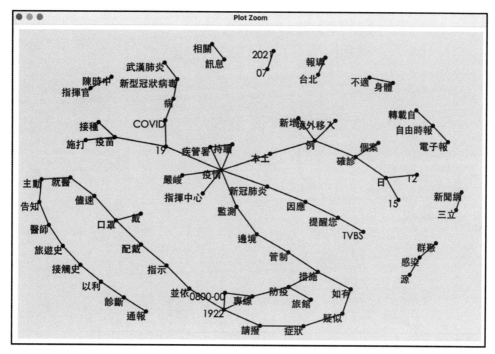

圖 10-12　Bigram 頻率的網絡圖

　　剛剛計算出 phi 的結果的 word_cors（p.128），也有類似的結構（如圖 10-13）。使用相同的方法進行社會網絡圖的繪製，程式碼如下：

使用 word_cors 的資料畫圖

```
word_cors %>%
  filter(correlation > .7) %>%
  graph_from_data_frame() %>%
  ggraph(layout = "fr") +
  geom_edge_link(aes(edge_alpha = correlation), show.legend = FALSE) +
  geom_node_point(color = "lightblue", size = 5) +
  geom_node_text(aes(label = name), repel = TRUE,family="STHeitiTC-Medium") +
  theme_void()
```

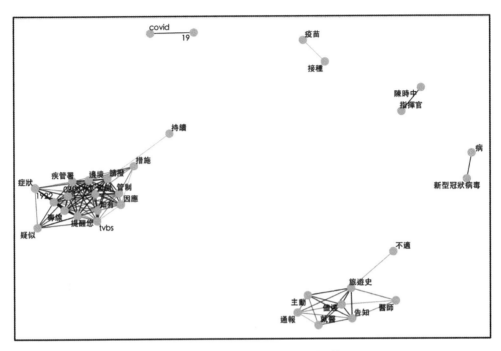

圖 10-13 word_cors 結果的網絡圖

如前面提到的，quanteda 可以決定共現詞的距離，而且它自己也有一個非常好用的畫圖套件，可以畫出詞和詞之間關係的網絡圖。以 p.131 的 fcm 為例，程式碼如下：

安裝並啟動 quanteda 的圖形套件 quanteda.textplots

```
install.packages("quanteda.textplots")
library(quanteda.textplots)
```

從 fcm 輸出 50 個高頻共現詞，並畫圖

```
feat = names(topfeatures(fcm, 50))
fcm_feat=fcm_select(fcm,pattern=feat)
fcm_feat%>%
textplot_network(min_freq = 0.5, omit_isolated = T,
vertex_labelfont="STHeitiTC-Medium",
color = RColorBrewer::brewer.pal(8,"Dark2"))
```

結果如圖 10-14 所示：

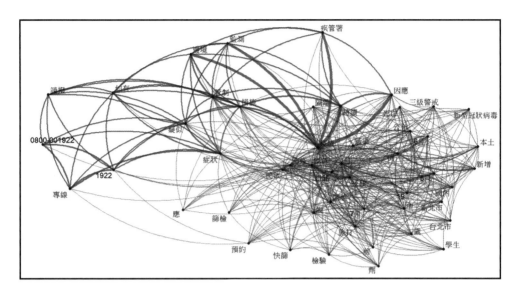

圖 10-14　fcm 中高頻共現詞的網絡圖

還可以針對某一個關鍵詞，來找出它最高頻的屬性，畫詞的網絡圖。下面以「疫苗」這個詞為例，程式碼如下：

把其中與「疫苗」最高頻的 50 個共現詞的名稱存在 f1 裡面

```
f1 = names(topfeatures(fcm[" 疫苗 ", ], 50))
```

從 fcm 中選出這些詞

```
f2=fcm_select(fcm,pattern=f1)
```

畫圖

```
f2 %>%
  textplot_network(min_freq = 0.5,omit_isolated = T,
      vertex_labelfont="Kaiti TC",color =
      RColorBrewer::brewer.pal(8,"Dark2"))
```

結果如圖 10-15 所示：

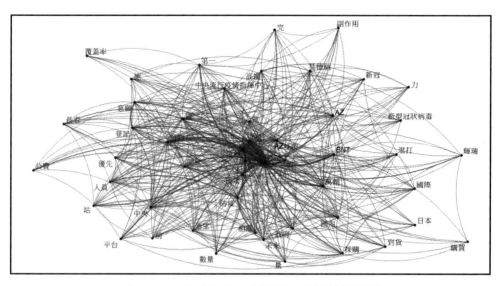

圖 10-15　與「疫苗」高頻共現的詞的網絡圖

語意網絡的社會網絡分析

第一節　前言

在前一章我們利用詞的關係製作了詞的網絡圖。詞的網絡更正式的名稱，叫做語意網絡或文字網絡。一旦有了一個網絡就可以使用社會網絡分析（social network analysis）的方法，對這個網絡整體的網絡特徵和每個點的網絡位置，進行更具體的分析。

社會網絡分析也被稱爲網絡科學，這個領域的學者使用網絡（networks）和網絡圖（graph）的理論來了解網絡結構。早期被社會學的學者用來分析社會結構，現在這種分析方法被應用在各種學科領域考察各式各樣不同網絡的結構，很多最新的研究方法反而是物理學家、統計學家和資訊科學家所提出的。本章會專門著重在分析語意網絡。

第二節　社會網絡分析的重要概念介紹

在每個網絡中都有兩個元素：節點（nodes、vertics）和線（edges、links、ties、邊或關係）。點可以代表各種主體或者行動者。邊也可以代表各種關係和相同的 membership。想像我們在上一章中繪製的文字網絡，每個節點就是個詞，每條線就是他們的共現頻率（或者關係係數，例如：phi）。

邊可以有方向，也可以沒有方向。如果有方向，關係可以是單向的，也可以是雙向的。通常網絡分析的指標，都需要透過設定參數的方式，告訴電腦網絡中的邊是否具有方向，這會影響電腦計算的公式。

文字網絡通常沒有方向，但如果要強調兩個詞（或概念）的前後順序也可以加入方向。關係還可以有它的權重（weight）來代表關係的強弱，例如：共現的頻率就是一種權重。

一般的社會網絡可以分成三種類型，即整體網、局部網和個人網。整體網因爲包括所有的節點，通常過於龐大，無法考察。最常考察的是，具有某個特徵的局部網。例如：上一章節中的文字網絡就屬於局部網，它的點是根據一些過濾標準過濾後的關鍵詞，以及每兩個詞之間的關係。最後一種是個人網（ego network），就是以某個節點爲中心，畫出所有別的節點和它的關係的網絡（也可以包括其他節點之間的相互關係），形狀有點像一個太陽。在文字網絡中，重要概念的屬性的網絡，通常就是個人網。Eveland 和 Hively（2009）發現，個人政治討論的個人網絡越大，它的政治知識和政治參與就越高。

社會網絡分析的方法很多，主要可分為三個層級：網絡層級（the global level）、群體層級（the group level）和節點層級（the individual level）。

網絡層級看整個網絡的特徵，一般會考察網絡的大小和密度。它所關心的研究問題是：這個網絡在整體上彼此聯絡得有多麼的緊密？

群體層級則會根據網絡節點間關係的緊密程度，對節點進行分群，再描述這些群體的特徵差異，和彼此之間的關係。它所關心的研究問題是：哪些節點聚合在一起？

節點層級會具體考察每個節點在網絡中的位置，一般用中心性和結構洞來表示。它所關心的研究問題是：在這個網絡中，哪些節點是最受歡迎、最重要、或者最有影響力？

第三節　讀入網絡資料

共現詞網絡也叫做共詞網絡（co-word network；陳世榮，2015）。這裡先以上一章最後所提到的透過 quanteda 規定距離的共現詞網絡為例，來說明社會網絡分析的一些重要方法。

首先說明網絡資料的準備步驟，包括：斷詞、製作 feature co-occurrence matrix（fcm）、轉換成社會網絡資料和繪製網絡圖。社會網絡圖結果，呈現如圖 11-1，修飾圖中點和邊的參數設定可參考 igraph 的 online manual。

斷詞

```
load("sampledemo.Rdata")
library(jiebaR)
cc=worker(byline=T,stop_word = "stopc.txt",user = "coviduser.txt")
sd=segment(d$content,cc)
```

製作 fcm

```
library(quanteda)
itoken=as.tokens(sd)
fcm=fcm(itoken,context="window",size=7)
feat=names(topfeatures(fcm, 30))
fcm_feat=fcm_select(fcm,pattern=feat)
```

變成社會網絡資料（igraph 格式）

```
library(igraph)
g=graph_from_adjacency_matrix(fcm_feat, weighted=T, diag = F)
```

＊註：weight=T 代表邊有權重。

繪製網絡圖

```
plot(g,vertex.label.family="STKaiti",vertex.size=7,vertex.label.dist=1,edge.label=d$n,
edge.width=1,edge.arrow.size=0)
```

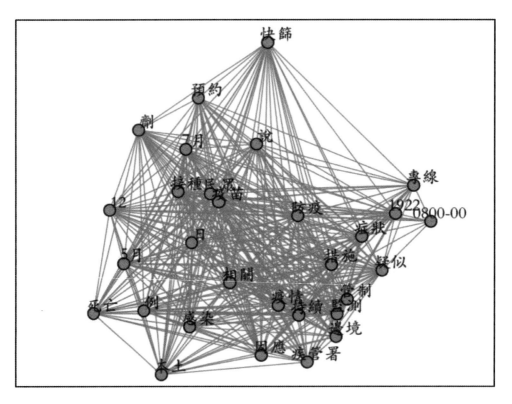

圖 11-1　高頻共現詞的社會網絡圖

第四節 網絡資料的形式和轉換

一、網絡資料的基本形式

　　網絡因為包括節點和邊，因此資料形式不同於一般的資料。一般分為兩個部分，一部分是每個點的屬性，一部分是每兩個點之間邊的屬性。在 igraph 中，指代點的程式碼為：V(g)，指代邊的程式碼為：E(g)。點的屬性的資料與一般的資料比較類似，但是邊的屬性的資料就比較特別。可以有三種基本的形式：矩陣（matrix）、edge list 和圖（graph）。

　　我們前面最常用的社會網絡分析的方法，就是把節點和邊的關係用網絡圖的方式進行呈現，但網絡圖背後數字呈現的方式其實是一個矩陣。例如：fcm（feature co-occurrence matrix）就是一個矩陣（如圖 11-2）。這個矩陣以詞為行（row）和欄（column），中間的值就是兩個兩個詞同時出現在一定範圍的頻率，在 igragh 中可用 g[] 看 g 的矩陣。

```
> fcm
Feature co-occurrence matrix of: 225,231 by 225,231 features.
         features
features   高雄市   名  員警  1月   底 新冠肺炎 確診者 同桌 吃飯 足跡
  高雄市     396  141   66   7   29    157   111   34   28   66
  名          0 6262  188  88   60    823  1225   98   73  369
  員警        0    0  428  14    8     83   125   48   67   31
  1月         0    0    0 582  118    141    83    8   11   27
  底          0    0    0   0  110     97    31    6    8   25
  新冠肺炎    0    0    0   0    0    778   609   25   55  340
  確診者      0    0    0   0    0      0  1334   76   77 3250
  同桌        0    0    0   0    0      0     0    8   81   15
  吃飯        0    0    0   0    0      0     0    0  184   13
  足跡        0    0    0   0    0      0     0    0    0 1404
```

圖 11-2　fcm（feature co-occurrence matrix）矩陣

　　社會網絡用 matrix 的形式呈現有它的重要性，因為有了 matrix 就可以使用線性代數（linear algebra）的方法對不同的網絡進行加、減、乘、除的數學演算。另外一種常見也是最簡單的資料表示形式叫做 edge list。它是一個 data frame，最基本的形式就只有三個欄（或變項），第一個是開始的節點、第二個是結束的節點、第三個是這兩個節點所構成的邊（edge）的權重。例如：表 11-1 中的 from、to 和 weight 這三個變項。在我們這個共現詞的語意網絡中 from、to 分別代表兩個不同的詞，方向不重要；weight 代表共同出現的頻率。

表 11-1 詞的 edge list

from	to	weight
疫情	日	863
疫情	因應	4998
日	因應	118
疫情	疾管署	4514
日	疾管署	24
因應	疾管署	863
疫情	持續	4998
日	持續	118
因應	持續	2315
疾管署	持續	2257

值得指出的是，圖的資料很容易誤導人，例如：圖 11-3 兩個圖的 matrix 和 edge list 完全一樣，也就是說網絡結構完全一樣，但看上去卻好像是不同的圖，所以要特別小心。

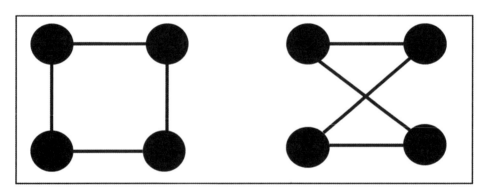

圖 11-3 具有相同矩陣的圖

二、網絡資料不同形式之間的轉換

為了方便不同類型資料的轉換，介紹兩種常用的功能，分別是將 igraph 的物件轉化成 edge list 以及讀取，程式碼如下：

轉化成 edge list

> e1=as_data_frame(g, what="edges")

* 註：可從 g（p.144）中提取出 edge list (e1)。

將 edge list 轉換成 igraph object

> g1=graph_from_data_frame(e1)

* 註：e1 也會變回 igraph 的網絡資料 g1。

三、Two-mode data

有時候我們無法知道某類節點之間的關係，或者難以取得，但是可以透過這類節點和另外一類節點之間的關係，間接地對其關係進行推論。如表 11-2，這種 matrix 叫做 incidence matrix，是長方形的，邊和欄的節點不同，也叫做 two-mode data。比方說，我不知道一個研究所內三個教授之間的關係，但是可以根據他們的共同指導的學生來推估他們之間的關係（如表 11-3）。相同節點的 matrix 叫 adjacency matrix，是正方形的。

表 11-2　Two-mode data（incidence matrix）（example.xlsx）

	學生 A	學生 B	學生 C	學生 D	學生 E	學生 F
教授 A	1	1		1	1	1
教授 B		1	1		1	
教授 C	1		1	1		1

* 註：1 代表存在指導關係。

表 11-3　以教授為節點的 One-mode data（an adjacency matrix）

	教授 A	教授 B	教授 C
教授 A			
教授 B	2		
教授 C	3	1	

可以直接將 two-mode data 讀入 R，轉換成 igraph 的物件，程式碼如下：

讀入 two-mode data（example.xlsx）

```
library(readxl)
example=read_excel("example.xlsx")
m1=as.matrix(example)
g2=graph_from_incidence_matrix(m1)
```

接下來進一步將 two-mode matrix 轉換成 one-mode 的 matrix。因為會有兩種節點（教授和學生），因此會產生兩個 one-mode 的 matrix，分別叫做 proj1 和 proj2，都存在 g3 裡面。

轉換成兩個 one-mode matrix

```
g3=bipartite.projection(g2)
g-professor=g3$proj1
g-student=g3$proj2
```

第五節　語意網絡的描述性分析

一、整體網絡分析

計算網絡的密度，也就是計算目前的邊佔所有可能形成的邊的比例，一般用來代表節點間的連結程度。

網絡的密度一般來說，代表互動高和關係緊密。從心理學來看，會被看成是一種安全的網絡，代表具有較高的社會支持、可以增加人的歸屬感、自我效能和彼此信任。從經濟學的角度，密度高的網絡效率高，競爭也高。

在陳世榮（2015）的研究中，他比較了自由時報和聯合報報導公投議題的文字網絡。文字網絡的密度被用來代表語意的多樣性，密度越高代表多樣性越低。Liang（2014）也使用語意網絡密度的變化來考察網友對選舉討論內容多樣性的變化趨勢，程式碼如下：

計算網絡密度

```
edge_density(g)
```

　　除此之外，陳世榮（2015）使用了 mean distance（平均距離）來考察詞和詞之間最短距離的平均值。平均距離顧名思義就是所有邊的平均距離。平均距離比較大，代表詞彙間連結需要較大的距離，也代表語意的多樣性。聯合報報導所用關鍵詞的平均距離就大於自由時報，程式碼如下：

mean distance（平均距離）

```
mean_distance(g, directed=F)
```

　　在網絡分析中，reciprocity（相互性或互惠性）就是雙向連結的邊佔所有邊的比例，也是評價節點之間連結程度的一個重要指標。因為包含邊的方向，因此不常用於共現詞網絡的分析，程式碼如下：

計算 reciprocity（相互性）

```
reciprocity(g)
```

　　網絡分析中，transitivity（傳遞性）代表三元組（triad）的比例。三元組就是所謂的三角關係，傳遞性等於三角關係佔所有三個點關係的比例。陳世榮（2015）發現自由時報的傳遞性較高，代表詞彙間不僅連結較緊密，而且與任意詞彙有連結的另兩個詞彙間（朋友的朋友），其關聯性也相對較高。Transtivity 也叫做集群係數（clustering coefficient），除了可以進行跨媒體的比較，還可以進行跨時的比較，程式碼如下：

計算 transitivity（傳遞性）

```
transitivity(g, type="global")
```

註：參數 global 代表沒有方向的網絡。

二、節點分析

　　每個點在網絡中的位置，最重要的指標就是它的中心性（centrality，或翻譯成核心化、中心度）。中心性有很多的構面，主要包括度的中心性（degree centrality）、中間中心性（betweenness centrality）、接近中心性（closeness centrality）和特徵向量中心性（eigenvector centrality）。

（一）度的中心性（degree centrality）

如果關係是有方向的，度的中心性還可以細分為出度（out-degree）和入度（in-degree）。出度指以這個點為初始方向的關係；入度指以這個點為目的方向的關係。例如：在臉書上的追蹤關係就可以分方向，一個是被其他帳號追蹤，一個是追蹤其他帳號。網紅們很少追蹤粉絲，但卻被大量的粉絲追蹤。度的中心性常常代表一個點在網絡中受歡迎的程度。以圖 11-4 最有名的 Krackhardt kite graph 為例，4 號這個節點在網絡中「度的中心性」最高。

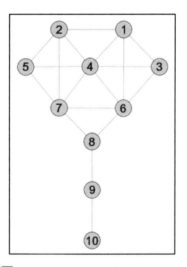

圖 11-4　Krackhardt kite graph

計算節點的度

```
deg = degree(g, mode="all") # 不分方向
deg = degree(g, mode="in") # 入度
deg = degree(g, mode="out") # 出度
```

因為每個點都有自己的度的中心性，數量會比較多，可以用圖形看這些度的中心性分配的規律，程式碼如下：

點狀圖

```
plot(deg)
```

柱狀圖

```
hist(deg)
```

製作網絡圖

```
plot(g,vertex.label.family="STKaiti",vertex.size=deg,
edge.label=d$n,edge.width=1,edge.arrow.size=0)
```

網絡圖的參數可以很多。這邊透過度來定義節點的大小，輸出的圖形如圖 11-5，度越大，節點越大。

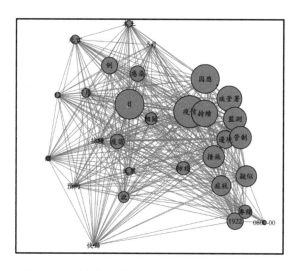

圖 11-5 社會網絡圖（用度定義節點大小）

找到 degree 最高的那個點

```
V(g)$name[degree(g)==max(degree(g))]
```

* 註：V(g)$name 代表 g 裡，資料中的變項 name。

（二）中間中心性（betweenness centrality）

　　代表在別的任意兩點之間的最短距離中，經過這個點的數量。這個概念類似 Burts（2004）所提到的中介性（brokerage），因此有研究使用它來測量點的中介性。這個指標主要呈現是其他點在交換訊息和資源時，這個點的重要性。通常也代表某個節點中介和協調的能力。考量到網絡大小的不同，計算的結果因為有經過標準化，可以進行比較。我們以 Krackhardt kite graph 為例，8 號這個節點在網絡中之「中間中心性」最高（如圖 11-4），程式碼如下：

節點的中間中心性

```
betweenness(g, directed=T)
```

（三）接近中心性（closeness centrality）

　　這個數值代表每個點與其他點的平均最短距離，也就是跟所有其他點的接近程度。它的重要性在於體現了資訊在網絡中流動的最快速度。經過標準化之後，數值落在 0 與 1 之間，數字越小，與他人之間的距離越遠。這個概念類似 Burts（2004）所提到的閉合性（closure）。我們以 Krackhardt kite graph 為例，6 號和 7 號這兩個節點在網絡中「接近中心性」最高（如圖 11-4），程式碼如下：

接近中心性的節點

```
closeness(g, mode="all")
```

（四）特徵向量中心性（eigenvector centrality）

　　這種中心性代表 proportional to the sum of connection centralities。簡單來說，它綜合考慮了其他中心性的特徵，加入衡量每個點鄰居的中心性。值得指出的是，在計算這個指標時，要考慮鄰居的中心性對這個節點重要性（權力）的影響是正的，還是負的。若是競爭性的關係，鄰居弱會使自己的力量變強。但如果是彼此加強的關係，鄰居強會使自己變強。

　　一般文字網絡分析的研究中（Jiang, Barnett, & Taylor, 2016），都建議使用特徵向量中心性作為指標來代表詞（概念）在網絡中的中心性。有了這樣的指標，研究者（Jiang et al., 2016）就可以針對個別詞或概念（例如：民主、自由）

在關鍵詞網絡中的中心性，進行跨媒體和跨時間的比較。根據 Bonacich 和 Lloyd
（2001）所提出來的計算公式，igraph 中的程式碼如下：

計算向量中心性

alpha_centrality(g)

＊註：alpha 代表鄰居的中心性對這個節點重要性（權力）的影響，可以是正的，也可以是負
的。默認的數值是 1。

不同中心性的指標相關性在每個社會網絡中，中心性的指標可能代表不同的
含義，要根據現實情況予以說明。除了互相跟隨的關係，在社群媒體中，傳播
學還經常考察超連結（hyperlink）、互相回覆（comment）和互相轉發（share or
retweet）的關係，包括關係的方向和頻率。

例如：在 Facebook 粉絲團之間相互追蹤關係的社會網絡中，出度代表跟隨
他人的數量，因此可以被看成收集他人訊息的積極程度。而入度代表被跟隨的數
量，則可解釋為過去意見領袖的概念。一方面它代表了受歡迎的程度，另一方面
代表了作為訊息來源的重要性，這些都代表他們對其他人的影響力。

中間中心性則更能體現過去守門人的概念，也更多地強調節點的中介和協調
的角色。而接近中間性較強調訊息流通的重要性，特徵向量中間性較強調權力關
係。

（五）結構洞（structural hole）

除了中心性之外，Burt（2004）還提出了結構洞的概念。結構洞的概念基本
上是在講：使那些本來無法連結的人連結的能力。我們可以想像有兩個網絡，靠
一個點連結在一起。如果沒有這個點，兩個網絡就是完全獨立的。這個點就成
為了兩個網絡傳遞訊息的唯一橋梁。對 Burt 來說，這個點就有一種獲得非冗餘
（nonredundant）訊息的能力，也是它力量和效率的來源。通常具有這樣特徵的
節點還更有能力控制訊息的擴散，具有較高的薪水和較快的升遷機會。Meng、
Chung 和 Cox（2016）也發現這樣的節點，可以獲得較多的訊息和情感支持。

結構洞的概念與前面中間中心性（betweenness centrality）的概念類似，可
以使用 igraph 套件中的 betweenness() 來計算。但是 Burt（2004）提出了另外一
個概念 constraint 來測量結構洞。每個點的 constraint 分數主要是測量它與其他間

接相連點關係的相對限制，constraint 的分數越低越好，代表橫跨不同網絡的優勢越大，也代表自我網絡中較少互相重複的關係。betweenness() 與 constraint 的計算方法主要不同之處，在於公式中考察了每個點與其他所有的點的關係。在 igraph 中計算 constraint 這個指標的程式碼如下：

計算 constraint

```
constraint(g)
```

另外，Burts 還提到了另外一個測量結構洞的指標叫做 effective network size。Effect betwork size 這個概念指的是兩兩關係相對強度的總和。這個概念強調關係的重複性或冗餘程度，數值越大，代表重複性越高，中介性越低。可以使用 influenceR 套件計算 effective network size，程式碼如下：

計算 effective size 的 ens

```
library(influenceR)
ens(g)
```

三、組和次團體的分析（subgroups and communities）

另外一個社會網絡常常關心的問題是，網絡中的節點如何分群。分群的方式很多，涉及不同的演算法，只要掌握主要的功能和方法就好。

值得指出的是，從宏觀看，研究者完全是從網絡關係的資料中推敲次團體的構成，但很難證明結果的正確性，因為即使是當事人可能也不知道自己到底處於哪個次團體。

（一）找到派系（cliques）

派系指的是在一個邊沒有方向的圖中，完全相連的次團體，可以直接讓 igraph 找出所有派系。由於我們的文字網絡連結過於緊密，不適合作為範例，所以改成用 PTT 上的回覆網絡進行說明。

讀入資料，只選擇發問者 id（artPoster）和回文者 id（cmtPoster）這兩個變項，並以它們的互動次數為邊（n），就變成了一個 edge list（如圖 11-6）。

找派系

```
dr=read.csv("ptt_gaoduan_articleReviews.csv")
d=select(dr,artPoster,cmtPoster)
df=d%>%
  group_by(artPoster)%>%
  count(cmtPoster)%>%
  ungroup
```

	artPoster	cmtPoster	n
1	a12141623	LiveInNow	1
2	a12141623	shmosher	1
3	a12141623	shy2260	1
4	A1bertPujols	albert7578	1
5	A1bertPujols	annie06045	1
6	A1bertPujols	Asbtt	1
7	A1bertPujols	bloodruru	1
8	A1bertPujols	boom0912	3
9	A1bertPujols	cisyong	2
10	A1bertPujols	colorclover	1

圖 11-6　PTT 發文和回覆關係的 edge list

過濾掉互動次數少的點，並轉換成為 igraph 的 object

```
table(df$n)
g=df%>%
  filter(n>20) %>%
  graph_from_data_frame(directed=T)
```

　　在尋找次團體前，通常需要先移除原圖中邊的方向。在轉換成無方向的圖形時，需要告訴電腦如何處理 a → b 和 b → a 的情況。下面 edge.attr. comb=list(weight="sum") 的參數，就是告訴電腦 weight（n 的值）要加在一起，程式碼如下：

將 weight 加在一起

```
g1=as.undirected(g, mode= "collapse",
edge.attr.comb=list(weight="sum "))
```

找出所有的派系

```
cliques(g1)
```

找出至少有三個人的派系

```
cliques(g1,min=3)
```

＊註：結果是沒有這樣的派系，最大的只有兩個人。

找出所有的派系的大小

```
sapply(cliques(g1), length)
```

找到最大的派系

```
largest_cliques(g1)
```

　　因為派系的定義過於嚴格，要求所有的節點都完全相連。因此，發展出了一些衍生的概念。首先是 n-clique，根據連結的邊的距離，從本來的 1，加長距離到 n。另外一個概念是 k-core，根據節點的度，也就是每個點至少連結幾個其他點，來決定次團體的構成。例如：下面的程式碼就會呈現當至少連結一個和兩個點的 core 的數量：

找到所有的 core

```
coreness=graph.coreness(g1)
table(coreness)
```

（二）找到群（community）

　　與派系的完全連結不同，群的成員雖然彼此之間緊密連結，但可能不是完全連結。主要是物理學家們，透過很多演算法來尋找分群的方法。基本的目的都是最大化群內的連結，最小化群間的連結（Clauset et al., 2004）。

因此，學者們就找到 modularity（模塊化）指標來代表這個目的達到的程度，它常被用來衡量分群結果好壞的標準。它的數值一般在 -1/2 到 1 之間，衡量不同分群的方法是否使群內的連結程度超過機率。換句話說，較高的模塊化程度代表群內連結密度高，彼此之間連結密度低。具體來說，也就是根據演算法，先對於某個網絡（或圖）進行分群，再根據這個分群的結果來計算它的 modularity（模塊化）程度。Liang（2014）就使用這個指標來測量政治討論網絡的共同立場（common ground）的強度。

在機器學習的章節，我們提到了新聞框架是一個比較抽象的概念。它在測量上，一直會有信度和效度的困擾。學者們後來都選擇先辨識框架的要素（frame elements），再將要素以分群的方法來測量。Walter 和 Ophir（2019）提出了一種新的測量框架的方法，叫做 the analysis of topic model networks（ANTMN）。這種方法分為三步，先用 topic modeling 找到框架的要素，也就是將主題當成框架要素。再使用社會網絡分析的方法，圖形呈現要素之間的網絡關係。點就是主題建模中找到的主題；邊就代表多少文件中同時包含兩個框架要素（主題）。第三步，使用多種演算法尋找次團體。我們下面所提到的六種方法，是這個研究所使用到。作者發現，六種方法針對三個不同的語料庫（報導選舉、疫情和外國政府）的分群結果都非常一致。

1. 第一種：建立在中間中心性的方法

這種方法由 Newman 和 Grivan（2004）提出，基本上的概念就是中間中心性（betweenness centrality）高的節點連結了不同的次團體。當移除這些節點後，次團體自然就出現了。所以，igraph 就會逐步地移除那些中間中心性最高的節點（如圖 11-7）。程式碼如下：

移除中間中心性最高的節點

```
ceb=cluster_edge_betweenness(g1)
plot(ceb,g1,vertex.size=deg)
```

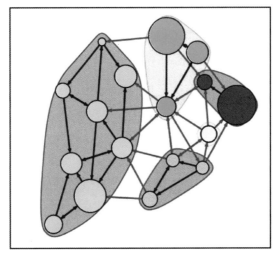

圖 11-7　不同的顏色將次團體分開

看次團體的數目

length(ceb)

每個節點屬於哪個次團體

membership(ceb)

計算分群結果的 modularity

modularity(ceb)

2. 第二種：根據最優的模塊化（modularity）找次團體

　　這種方法由 Clauset、Newman 和 Moore（2004）提出，方法為讓同一次團體的節點相連結的可能性大於機率。具體的演算法為，從沒有群，逐次計算每加入一個點後的 modularity，然後找到最大的 modularity 所對應的分群方法，也被稱為貪婪的最優化（greedy optimization of modularity）。程式碼如下：

分群、看結果、畫圖，並看 modularity 的表現

```
cfg=cluster_fast_greedy(g1)
membership(cfg)
plot(cfg, g1, vertex.size=deg)
modularity(cfg)
```

3. 第三種：動態分群法（dynamic）找次團體

這種方法由 Pons 和 Latapy（2005）提出，也叫做 Walktrap。方法就是先從一個節點開始，尋找跟它位置上最類似的一個節點，將這兩個點合成一個次團體，並計算這個次團體的模塊化分數（modularity score）。接下來再找第三個點、第四個點，重複以上的步驟，直到達到最高的模塊化分數就停止。程式碼如下：

分群、看結果、畫圖，並看 modularity 的表現

```
cw=cluster_walktrap(g1)
length(cw)
membership(cw)
plot(cw,g1,vertex.size=deg)
modularity(cw)
```

4. 第四種：多層次優化模塊化找次團體

另外，一種找次團體的方法分別為 Blondel、Guillaume、Lambiotte 和 Lefebvre（2008）所提出的多層次優化模塊化（multi-level optimization of modularity）的方法，也叫做 Louvain 法。程式碼如下：

分群、看結果、畫圖，並看 modularity 的表現

```
cl=cluster_louvain(g1)
```

5. 第五種：Spinglass 找次團體

另外一種方法是 Reichardt 和 Bornholdt（2006）所提出的，基於統計力學（statistical mechanics）找次團體的方法，它所應用的演算法叫做 Spinglass。需要注意的是，這種方法要求所有的節點之間必須都彼此連在一起。程式碼如下：

分群

```
cs=cluster_spinglass(g1)
```

6. 第六種：領先特徵向量演算法找次團體

Newman（2006）提出領先特徵向量演算法（leading eigenvector algorithm）來尋找次團體。程式碼為：

分群

```
cle=cluster_leading_eigen(g1)
```

最後要提醒讀者的是，因為分群沒有最後所謂的 ground truth，所以很難說哪種方法最好，但是根據過去的研究，這些方法最後分群的結果的相關性都非常高。

（三）同質性（homophily）

同質性也叫做分類性（assortativity），代表連結的節點具有類似的屬性。一般認為屬性相同的節點，彼此連結的可能性就會比較高。針對整個網絡，若要計算相連節點的屬性的同質性（類似程度），則使用以下的程式碼：

計算相連節點的屬性的同質性

```
assortativity_degree(g, directed=F)
```

因為我們的範例資料中節點本身並沒有屬性，所以無法示範。通常會考察針對某個節點屬性，點的同質性。屬性可以是類別變項，也可以是連續變項。以下為計算不同類別的同質性（類似程度）所使用的程式碼，需要在 $ 符號後面加入想要分類的節點的類別變項 v1。

計算不同類別的同質性

```
assortativity_nominal(g, V(g)$v1, directed=F)
```

計算某個連續變項屬性的同質性，高過機率的程度，則使用以下的程式碼。需要在 $ 符號後面，加入想要分類的節點的次序、等距或連續變項 v2。

```
assortativity (g, V(g)$v2, directed=F)
```

以上程式碼輸出的分類係數（assortativity coefficient）值從 –1 到 +1，越靠近 +1，代表同質性越高。

第六節　分析兩個網絡的關係

一、比較兩個網絡的相似程度

了解前面網絡的特徵之後，就可以根據這些重要的指標進行網絡之間的比較。例如：王光旭（2013）就針對全民健保政策的決策過程，建立了溝通討論網絡、資源依賴網絡和協同行動網絡，然後比較不同網絡中的中心性最高的行動者，以及整個網絡的密度、大小和集中化程度。

二、計算兩個網絡之間的相關程度

社會網絡分析還提供雙變項（bivariate）和多變項（multivariate）的統計分析工具，也可以根據網絡資料的類型，進行 OLS network regression（netlm）和 logistic network regression（netlogit），考察兩個網絡和多個網絡之間的關係。計算網絡的相關性，需要使用到更進階的套件，這裡以使用 sna 套件為例。

這些統計模型類似向量化相鄰矩陣的計算方式，假設多組的邊來自同一組的點。在考察兩個網絡之間關係的時候，就像一般統計分析中的 Pearson's r，社會網絡分析有一個 QAP 檢定。QAP 所對應的虛無假設為：在兩個網絡中觀察到的邊點差異，符合邊隨機產生的分布，也就是兩個網絡不相關或不相似。

越來越多的研究者開始使用社會網絡的統計分析，來考察網絡之間的關係。例如：王光旭（2014）就分別比較了三個網絡與最後決策影響網絡之間的 QAP 相關性，發現相關性最高的是溝通討論網絡（QAP=.19, p<.01）。例如：Vu、

Guo 和 McCombs（2014）所提出的網絡議題設定效果（Network agenda-setting effects），就是建立在考察媒體的議題網絡和公眾議題網絡之間的時滯交叉 QAP 的相關分析。兩個網絡平均的 QAP 達到 0.75（p<.01），範例如圖 11-8。

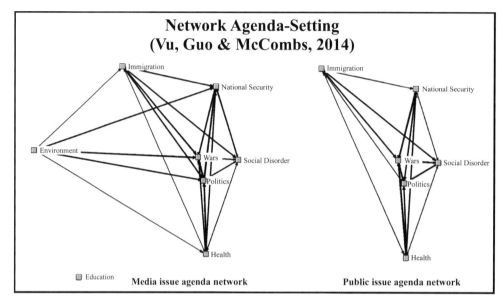

圖 11-8　時滯交叉 QAP 的相關分析

針對兩個網絡相關性檢驗的網絡相關（graph correlation），可以使用以下的程式碼，但要先將網絡資料以矩陣的方式輸入 Excel，並存成 csv 檔，讀取 csv 中的資料，刪除不需要的變項，並定義成矩陣，如圖 11-9。

	1	2	3	4	5	6	7	8	9	10
1		leadership	experience	competen	credibility	morality	caring abo	communic	pride in b	non-politician
2	leadership		11	8	0	3	1	1	2	6
3	experience	11		29	17	25	11	4	3	24
4	competen	8	29		9	12	5	1	4	14
5	credibility	0	17	9		7	2	1	2	6
6	morality	3	25	12	7		5	2	1	11
7	caring abo	1	11	5	2	5		1	0	7
8	communic	1	4	1	1	2	1		0	2
9	pride in ba	2	3	4	1	1	0	0		3
10	non-politic	6	24	14	6	11	7	2	3	

圖 11-9　在 Excel 中輸入資料成為 adjacency matrix

檢測兩個網絡相關性

```
library(readxl)
media=read_excel("media.xlsx")
media$...1=NULL
media_matrix=as.matrix(media)
public=read_excel("public.xlsx")
public$...1=NULL
public_matrix=as.matrix(public)
```

啟動套件，並計算 QAP 相關性

```
library(sna)
gcor(public_matrix,media_matrix)
```

```
> #caculate qap correlatoin
> gcor(public_matrix,media_matrix)
[1] 0.8289353
```

圖 11-10　結果呈現

三、考察多個網絡之間的關係

類似多元迴歸的方法，也可以考察多個網絡之間的關係，也就是某些網絡作為結果變項、某些網絡作為原因變項。下例就是以 public matrix 作為結果變項、media matrix 作為原因變項，結果如圖 11-11，程式碼如下：

OLS network regression

```
nl=netlm(public_matrix,media_matrix)
summary(nl)
```

```
> summary(nl)

OLS Network Model

Residuals:
         0%         25%         50%         75%        100%
-11.1925974  -2.2752179  -0.5416172   1.4583828  10.5685435

Coefficients:
            Estimate   Pr(<=b) Pr(>=b) Pr(>=|b|)
(intercept) -0.1539265 0.454   0.546   0.899
x1           0.8477718 0.999   0.001   0.001

Residual standard error: 4.203 on 70 degrees of freedom
Multiple R-squared: 0.6871     Adjusted R-squared: 0.6827
F-statistic: 153.7 on 1 and 70 degrees of freedom, p-value:     0
```

圖 11-11　迴歸係數的結果呈現（藍色框線處）

　　目前，更複雜的社會網絡分析模型為 ERGM（Exponential Random Graph Model）指數隨機圖模型。ERGM 是社會網絡研究領域中，目前公認的最佳分析方法（Robins, Pattison, Kalish & Lusher, 2007）。ERGM 主要是用來預測網絡中邊（關係）形成的可能性的模型，預測的主要應變項為邊（關係）的建立。它的強項在於可以放入不同類型的解釋變項（自變項），這些解釋變項可以包括點的特徵、點的屬性的搭配（node mix）和網絡本身的特徵。

　　分析的工具為 ergm 套件（Hunter, Handcock, Butts, Goodreau & Morris, 2008; Krivitsky, Hunter, Morris & Klumb, 2021）。一般所選用的模型的適配方法為 Markov chain Monte Carlo maximum-likelihood（MCMC）中的 maximum-likelihood 估計法。當參數的估計值大過其標準誤的 1.96 倍時，代表這個參數達統計上的顯著程度。而 MC 的 P 值（p-value）高於 0.80，代表模型收斂成功。除了評價估計的參數之外，一般還會對最終的模型進行整體適配度的檢驗（goodness of fit, GOF）。有興趣的讀者，可選擇參考文獻中相關的書籍進行閱讀。

抓取網站資料

第一節　前言

　　先前十一個章節介紹了如何進行文字探勘的分析，但在進行資料分析之前要先擁有資料，進行資料的抓取。本章介紹如何對網路資料作抓取，並整理成可進行文字探勘分析的檔案格式。學習的目標為定義一個關鍵字，並抓取某個新聞媒體網頁上所有含有該關鍵字的新聞內容。

第二節　觀察資料

一、了解資料型態

　　在進行資料抓取之前，要先了解一個網站的資料型態，才能使用對的方式進行資料抓取，而本書以自由時報網頁（https://www.ltn.com.tw/）作為範例。在自由時報的網站中，搜尋頁面輸入一個關鍵字後，在網址的最後可以發現尾端文字為 page=2，這代表網頁搜尋的頁數，會根據使用者換頁而改變 page= 後面的數字。這種格式的網頁資料，是應用爬蟲程式最理想和最整齊的 html 格式。

二、觀察原始碼

　　讀者所看到的文章內容都是由後台 html 原始碼所創建，它用來定義每個素材所放置的位置，可能包含文字和圖片。因此要進行網頁資料抓取前，要先找到每個資料的 html 資訊。找到網站後，獲得網頁背後的 html 原始碼，並了解每個需要的文字內容屬於哪個元素（element），才能針對用戶需要的內容進行精確及完整的抓取。

　　若要觀察該網頁的原始碼，可以按鍵盤 F12 並觀察視窗的元素（element）分頁，即可以看到網站的原始碼，或是將游標移到想要觀察文字的位置並按右鍵「檢查」，也可看見該文字的元素。

　　如圖 12-1 可以看見每一行都是一個元素。從下拉的箭頭中，也可以看見每個元素可能又包含好幾個次級的元素。以這個圖舉例來說，div 就是元素的名字。若要找尋特定文字的元素，可以用上述提及的按右鍵「檢查」方式，或點擊左上角（如圖 12-1 藍色框線處）的圖示來點選文章中要觀察的文字。

圖 12-1　html 原始碼頁面，藍色框線處為圖示

第三節　資料抓取

一、套件介紹

執行網頁爬蟲所需要的套件為 tidyverse 以及 rvest。tidyverse 當中有很多個套件，包含 readr、dplyr、tidyr 等基本操作的功能，是一個流程優化的套件。而 rvest 是用來實現擷取網頁資料的套件，能更整齊且簡單的抓取 html 資料。

二、抓取一篇文章

（一）將網址讀進 r

HTML（Hyper Text Markup Language）是一種編寫網頁的標準標記語言，它的特點就是標記了很多網頁的不同元素（element）。在讀入套件後，要先將這篇文章的所有 html 讀進 r，才能透過找到和篩選元素，得到用戶需要的資料。首先要先將網址存在 url 中，並透過 rvest 的 read_html 功能，將 html 資料讀進來並存成新物件 res。程式碼如下：

執行 package

```
library(tidyverse)
library(rvest)
```

將文章讀進 r

```
url = 'https://news.ltn.com.tw/news/world/breakingnews/3743345'
res = read_html(url)
```

（二）抓取文章標題

　　這時我們所有需要的資料都在 res 這個物件中，但是其中還包含了很多我們不需要的 html 內容，因此需要從中慢慢篩選我們所需要的資料，也就是標題、時間和文章的全文。

　　首先要先找到標題的元素（element），才能順利將標題資料乾淨的抓取下來。html 的每個元素都有它的名稱和屬性（attributes）。html_node('xx') 的程式碼意義為從 html 的所有資料中，找尋 'xx' 元素所標記的內容。從圖 12-2 中可以看到每一行的 html 程式碼都在 ＜＞ 裡面，＜＞ 裡面一開頭就會寫出這個元素的名稱。例如：標題的文字是在 h1 的元素，因此要寫入 html_node('h1') 的程式碼，接著使用 html_text() 的程式碼讓文字資料輸出。程式碼如下：

抓標題

```
title = res %>%
  html_node('h1') %>%
  html_text()
```

```
...   <h1>自嗨？香港新制選舉153人過審　中聯辦宣稱令民主更優質</h1>  == $0
    ▶<div class="function boxTitle boxText" data-desc="功能列">...</div>
    ▶<div class="text boxTitle boxText" data-desc="內容頁">...</div>
    </div>
    <!-- 相關新聞 -->
    <div class="caption">相關新聞</div>
  ▶<div class="related boxTitle" data-desc="相關新聞">...</div>  flex
  ▶<script>...</script>
```

圖 12-2　標題的 html

（三）抓取文章時間

　　在使用 html_nodes 找尋元素的時候，會遇到很多特殊情況。上面例子是最簡單的一種情況。通常元素的名稱之外，還會有元素的屬性（attribute）。例如：若要尋找文章的時間，將游標點選至文章時間的位置觀察原始碼。如圖 12-3，在 span 這個元素當中有一個稱為 class 的 attribute（屬性），它的名稱為 time。因此，要抓取時間的程式碼元素為 span class= 'time'。而要特別注意的是在撰寫程式碼時，class 這個屬性因為常常用到，可以用「.」表示，因此輸入的程式碼為 html_node('span.time')，參考表 12-1 可以了解各種 html_node 的書寫方式。之後，一樣要用 html_text() 的程式碼讓資料輸出。

表 12-1 包括了一些 html_node 之後元素（element）程式碼的書寫方式，供大家參考。若想了解更多習慣用法，可以至 rvest 的網站看更詳細的列表和說明（https://jtr13.github.io/cc19/web-scraping-using-rvest.html）。

表 12-1　套用在 html_node 程式碼的書寫方式

書寫方式	html 中代表的意義
p	選擇所有的 <p\> elements
p m	選擇 <p> 裡面所有的 <m\> elements
p > m	選擇 <p> 裡面第一個 <m> element
p + m	選擇緊跟著 <p> 的第一個 <m> element
p ~ m	選擇 <p> 前面的第一個 <m> element
p#id_name	選擇所有 id="id_name" 的 <p>
p.class_name	選擇所有 class="class_name" 的 <p>
p[attr]	選擇所有 attribute 是 "attr" 的 <p>
p[attr="tp"]	選擇所有 attribute 是 attr="tp" 的 <p>

文章時間跑出來的結果爲「\n　2021/11/20 22:55」，包含了不需要的內容及空白，而電腦也無法辨認此筆資料爲日期，因此需要轉換，只保留乾淨的資料。可以運用 str_replace() 的程式碼進行取代，把不要的東西「\n」換成空白「"」，而刪除後的結果再使用 trimws() 可以將前面的空白刪除。程式碼如下：

抓時間

```
time = res %>%
  html_node('span.time') %>%
  html_text() %>%
  str_replace('\n','') %>%
  trimws()
```

```
...        <span class="time"> 2021/11/20 22:55</span> == $0
      ▶ <p>...</p>
      ▶ <p>...</p>
        <p class="before_ir" style="text-align: center; display: none;">請繼
        續往下閱讀...</p>
```

圖 12-3　時間的 html

（四）抓取文章內文

　　找到內容資料的元素（element），可以看見 div 包含了三個 class，分別是：text、boxTitle、boxText（如圖 12-4）。但若指定其中一個 class 做抓取，會抓到許多在這 html 中相同名稱且不相關的資料。因此，若抓取後面 data-desc=" 內容頁 " 的元素（element）會比較準確。

　　如同表 12-1 中簡化程式碼的元素（element），特殊的屬性（attribute）要用 [] 來表示，因此程式碼為 html_node('div[data-desc=" 內容頁 "]')。而所抓取下來的資料會包含很多不需要的內容，包含圖片、連結等，可以看見需要的內容為 p 這個元素（element），而區分了很多段落，因此目標為抓取所有的 p，才是一篇完整的文章。若加上空白符號，表示要進到 div 下一層的資料做下載，但只用 html_node 來進行只會抓取到第一個 p，也就是第一段的內容，因此需要轉變成 html_nodes 才能抓取到所有 p，使用的程式碼為 html_nodes('div[data-desc=" 內容頁 "] p')。不過抓取下來的 p 也包含了許多其他的 class，因此可以用程式碼 p:not([class]) 來排除所有不要的 class，因此程式碼為 html_nodes('div[data-desc=" 內容頁 "] p:not([class])')。

　　之後需要將每段文字連接起來，用程式碼 paste(collapse="") 實現。而 collapse 的意思為每段落要以什麼符號連接，此部分以空白連接。完整文章抓取程式碼如下：

抓內文

```
text = res %>%
  html_nodes('div[data-desc=" 內容頁 "] p:not([class])') %>%
  html_text() %>%
  paste(collapse="")
```

```
▼<div class="text boxTitle boxText" data-desc="內容頁"> == $0
   <!-- 版形分化 -->
   <!-- END 版形分化 -->
   <!-- temp4 -->
  ▶<div class="photo boxTitle" data-desc="圖片">…</div>
   <span class="time"> 2021/11/20 22:55</span>
  ▼<p>
     "〔即時新聞／綜合報導〕香港立法會候選人資格審查結果昨（19）出爐，共有153
     人過審，對此，中聯辦秘書長王松苗今（20）日稱，這顯示出香港選舉新制的代表
     性更強、社會參與更加均衡，不管何種背景都一視同仁，令香港民主更加「優
```

圖 12-4　內文的 html

三、抓取一頁搜尋頁面的所有文章

學會抓完一篇文章後，接下來要抓取一整頁的所有新聞內容。在新聞頁面搜尋需要的關鍵字後，一樣要將該頁面的 html 讀進 r 中，而首先要先將該頁的每個文章網址抓下來，然後採用迴圈的方式將每篇文章的標題、時間、內容完整且乾淨的抓取下來。

（一）抓取搜尋頁中每篇文章的網址

在搜尋頁上，找到各篇文章網址資料的元素（element），可以看見是在 ul 元素（element）中（如圖 12-5），要抓取後面 data-desc=" 列表 " 的屬性，加上抓取下一層的 li，而因為要抓取很多個網址，所以程式碼為 html_nodes('ul[data-desc=" 列表 "] li')。抓完 li 後，還要在 li 裡面抓取第一個 a 內的元素（element），才是各篇文章的網址（如圖 12-5）。若在 li 後面直接抓一層的 a，會抓到太多不需要的部分，因此再往下一行輸入，只抓取一個 a，使用程式碼為 html_node('a')。

而特別注意，這邊無法使用 html_text() 將連結輸出，因為 html_text() 是指 a 的所有屬性，而在這個 a 當中還包含 href、data-desc、class、title 這四個屬性。此部分只要抓取 a 下的第一個屬性，即為 href，因此程式碼為 html_attr("href")。程式碼如下：

執行 package

```
library(tidyverse)
library(rvest)
```

將 html 讀進 r

```
url = 'https://search.ltn.com.tw/list?keyword=%E9%A6%99%E6%B8%AF'
res = read_html(url)
```

抓每篇文章網址

```
article_urls = res %>%
  html_nodes('ul[data-desc=" 列表 "] li') %>%
  html_node('a') %>%
  html_attr("href")
```

```
▼<ul class="list boxTitle" data-desc="列表">
  ▼<li> == $0
    ▶<a href="https://ec.ltn.com.tw/article/breakingnews/3824273" data-
    desc="P:0:紐約市府強制員工接種疫苗 否則後天將開除" class="ph" title="紐約
    市府強制員工接種疫苗 否則後天將開除">…</a>
    ▼<div class="cont" href="https://ec.ltn.com.tw/article/breakingnews/3
    824273">
        <a href="https://ec.ltn.com.tw/article/breakingnews/3824273"
        class="tit" data-desc="T:0:紐約市府強制員工接種疫苗 否則後天將開除"
        title="紐約市府強制員工接種疫苗 否則後天將開除">紐約市府強制員工接種疫苗
        否則後天將開除</a>
        <i href="https://ec.ltn.com.tw/article/breakingnews/3824273"
        class="immtag chan">財經</i>
        <span class="time">1小時前</span>
```

圖 12-5　搜尋頁面的 html

（二）抓取一頁中所有文章的內容與跑迴圈

在上一步，我們已經把二十個網址都已經放在 article_urls 這個變項當中了。接下來，就是要讓電腦根據這二十個網址，依次自動將每篇文章的標題、時間、內容都抓下來。程式碼如下：

抓每篇文章標題、時間、內容

```
res = read_html(a_url)
title = res %>%
  html_node('h1') %>%
```

```
    html_text()
  time = res %>%
   html_node('span.time') %>%
   html_text() %>%
   str_replace('\n',") %>%
   trimws()
  text = res %>%
   html_nodes('div[data-desc=" 內容頁 "] p:not([class])') %>%
   html_text() %>%
   paste(collapse="")
```

這段程式碼將把二十個網址中，每個網址的 html 資料所存成的 res，提取出標題、時間和全文這三個變項的資料。共重複二十次，重複上述抓取內容的動作時，只要改變網址就可以。

這種重複性的工作可以透過 For 迴圈的功能實現。迴圈（Loop）的意思就是讓電腦自動連續執行多次相同的程式碼，也就能夠實現將二十個網頁內容完整抓取的工作。For Loop 通常是針對一個固定的系列（sequence），電腦完成系列（sequence）中的每一個值。在我們的例子中，二十個網址所構成的物件 article_urls 就是這個系列（sequence）。迴圈介紹可以參考圖 12-6。

For Loop	Example

`for (variable in sequence){`
`   Do something`
`}`
	`for (i in 1:4){`
	`   j <- i + 10`
	`   print(j)`
	`}`

圖 12-6　For 迴圈介紹

圖片來源：r-cheat-sheet (2022/9/8). https://iqss.github.io/dss-workshops/R/Rintro/base-r-cheat-sheet.pdf

For 迴圈還要定義一個新的變項（variable），可以叫任何名稱，後面的 {} 中就可以要求電腦針對系列（sequence）中的每一個值做一些事情。如圖 12-6 的 example 中，變項是 i，系列（sequence）是 1 到 4，程式碼要求電腦從 1 開始，讓每次 j 都等於 i+10，然後列印出結果。

下面的程式碼定義的變項是 a_url，它要求電腦針對 article_urls 中的每個網址，進行列印。

另外，還有一些小技巧可以優化你的程式。

為了避免抓取到不相關的版面文章，可以加上 if(str_detect(a_url, 'https://news.ltn.com.tw/')) 的程式碼來整理出乾淨的文章，本程式碼意思為若網址開頭為 https://news.ltn.com.tw/，才會跑迴圈，進行抓取該文章的內容。程式碼如下：

可加 if 設定條件（可省略）

```
for(a_url in article_urls){
  print(a_url)
  if(str_detect(a_url, 'https://news.ltn.com.tw/')){
    res = read_html(a_url)
    title = res %>%
      html_node('h1') %>%
      html_text()
…省略…}
```

* 註：指定網址開頭為 https://news.ltn.com.tw/ 才進行抓取。

如圖 12-7 所示，if 指令可以根據某個條件（condition），讓電腦執行某個任務，並告訴電腦否則（else）就執行另外一個任務。以圖 12-7 的 example 為例，如果 i>3 就列印 Yes；否則就列印 No。

```
If Statements
if (condition){
    Do something
} else {
    Do something different
}
```

```
Example
if (i > 3){
    print('Yes')
} else {
    print('No')
}
```

圖 12-7　if、else 指令介紹

圖片來源：r-cheat-sheet (2022/9/8).https://iqss.github.io/dss-workshops/R/Rintro/base-r-cheat-sheet.pdf

可加上 readline 在每篇暫停（可省略）

```
readline()
```

* 註：可以顯示單篇的內容，觀察是否有錯誤再繼續。

（三）儲存所抓取的資料

特別注意，為了把輸出資料存檔成整齊的格式，要先在跑迴圈之前建立一個空白的 data frame，好讓電腦將每一篇文章（資料中每一列是一篇文章），根據變項名稱（包含每篇文章的標題、時間、內容以及 url）一行一行地存好。程式碼如下：

建立空白 data frame

```
df = data.frame('title'=character(), 'text'=character(),
'time'=character(), 'url'=character())
```

而在程式碼的最後設定一個 article 物件，再用 rbind 將每一行（每一篇文章）連起來存在 df 當中。

將抓取的資料存入 data frame

```
for(a_url in article_urls){
 print(a_url)
 tryCatch({
  a_res = read_html(a_url)
  title = a_res %>%
   html_node('h1') %>%
   html_text()
…省略…
  article=data.frame('title'=title, 'text'=text, 'time'=time, 'url'=a_url)
  df = rbind(df, article)
 }
```

存成 csv 檔

```
library(readr)
write_excel_csv(df,file=" 檔案名稱 .csv")
```

（四）抓取過程中的防出錯機制

抓取資料的過程中可能會出現各式各樣意料不到的錯誤，這邊介紹兩種方法進行預防。

1. 設定 tryCatch 防出錯程式碼

　　為了防止抓到一半的時候出錯，電腦會無法接著往下跑，可以使用 tryCatch 程式碼。它能夠使包含在 {} 中的程式碼，在出現錯誤後，不會自動停止，而是跑到 error = function(e) 這個 function 當中的 paste0('Error in url: ', a_url)，並把它列印出來。我們可以在跑完整個程式之後，直接找到出現錯誤的地方。

設定 tryCatch 指令回報

```
for(a_url in article_urls){
  print(a_url)
  tryCatch({
   a_res = read_html(a_url)
   title = a_res %>%
     html_node('h1') %>%
     html_text()
…省略…
   article = data.frame('title'=title, 'text'=text, 'time'=time, 'url'=a_url)
   df = rbind(df, article)
  },
  error = function(e){print(paste0('Error in url: ', a_url))}
  )
  Sys.sleep(runif(1,0.5,1))
}
```

　　在上面程式碼的倒數第四行，function 這個功能是自己來定義一個功能名稱（function_name），針對任何變項（var）的值，直接指定做什麼事情，並產生一個新變項（new_variable）。下次電腦只要看到這個功能名稱，針對輸入的變項值，就會直接做事，並產生一個 new_variable。例如：圖 12-8 的 example，就是定義一個 function 叫做 square。這個功能 square，就是要求電腦把填入 () 中的數值進行平方，並且給出 squared 的答案。詳細介紹請參考圖 12-8。

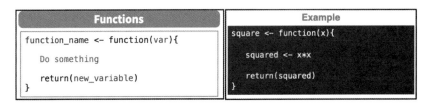

圖 12-8　function 指令介紹

圖片來源：r-cheat-sheet (2022/9/8). https://iqss.github.io/dss-workshops/R/Rintro/base-r-cheat-sheet.pdf

2. 設定睡眠機制

為了避免被網站認為是機器人，必須要設定一個反爬蟲機制，要在跑程式的過程中讓程式碼睡覺。抓文章時，中間會休息一下，使用 Sys.sleep(runif(1,0.5,1)) 的程式碼，1 的意思為要產生幾個隨機的數字，而這數字介於 0.5 跟 1 秒之間，為了避免每次休息的秒數都一樣。

設定睡眠機制

Sys.sleep(runif(1,0.5,1))

四、抓取所有搜尋頁面的所有文章

抓取所有搜尋頁面所有文章的方式與上述只抓取一頁搜尋頁面所有文章的方式類似，當然也是要使用迴圈的方式不斷重複。但不能無限地重複，要加入初始和結束的條件，還需要重新調整前面程式碼的順序。

在抓取資料的 if 迴圈之外，還需要加入限定初始和結束條件的 while 迴圈。圖 12-9 可以幫助讀者整體了解，抓取所有搜尋頁面，所有文章的流程。

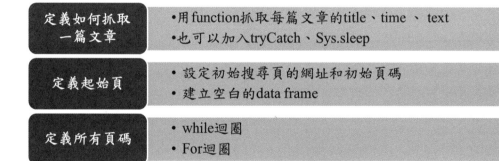

定義如何抓取一篇文章	•用 function 抓取每篇文章的 title、time、text •也可以加入 tryCatch、Sys.sleep
定義起始頁	• 設定初始搜尋頁的網址和初始頁碼 • 建立空白的 data frame
定義所有頁碼	• while 迴圈 • For 迴圈

圖 12-9　抓取所有搜尋頁面的流程

（一）定義抓取 html 的功能

首先，跟之前介紹的方法一樣，先定義一個抓取 html 的功能 fetch_article。其中會詳細寫明，要抓取 a_url 這個網頁中的 title、text 和 time 變項，並把抓取的結果和 url 這個變項一起製作成一個 data frame。這部分完整的程式碼為：

```
fetch_article = function(a_url) {
 print(a_url)
 tryCatch({
  article_res = read_html(a_url)
  title = article_res %>%
    html_node('h1') %>%
    html_text()
  text = article_res %>%
    html_nodes('div[data-desc=" 內容頁 "] p:not([class])') %>%
    html_text() %>%
    paste(collapse="")
  time = article_res %>%
    html_node('span.time') %>%
    html_text() %>%
    str_replace('\n','') %>%
    trimws()
 },
 error = function(e){print(paste0('Error in url: ', a_url))}
 )
 Sys.sleep(runif(1,0.5,1))
 return(data.frame('title'=title, 'text'=text, 'time'=time, 'url'=a_url))
}
```

　　這部分使用 fetch_article = function(a_url) 的函式，先將資料輸出為 a_url，並設定 tryCatch 將錯誤指令回報後，進行資料內容的設定，在 return 之後就會進行下個階段的迴圈。

（二）設定初始搜尋頁面的網址、初始頁碼和空白的 data frame

　　進行迴圈之前，首先要先設定資料抓取的起始頁面的網址，並建立空白的 data frame 和初始頁碼。page = 1 意思為從第一頁開始進行抓取。

設定初始網址

```
url_start =  'https://search.ltn.com.tw/list?keyword=%E9%A1%8F%E5%AF%AC%E6%81%86+%E5%8F%B0%E4%B8%AD'
```

建立空白 dataframe

```
df = data.frame('title'=character(), 'text'=character(), 'time'=character(), 'url'=character())
```

設定初始頁碼

```
page = 1
res = read_html(url_start)
```

（三）使用 while 迴圈設定結束的條件

因為要重複地抓取所有的搜尋結果頁面，但不確定何時結束，因此在迴圈開始之前，通常會使用 while loop 來設定結束的條件。如圖 12-10 所示，while 後面的 () 中加入迴圈執行的條件，當條件不滿足的時候就停止。圖 12-10 中的 example 就是只要 i<5，就列印 i，並給 i 加 1。所以如果 i 從 1 開始，會逐次列印 1、2、3、4，然後就停止。詳細介紹請參考圖 12-10。

```
While Loop

while (condition){
   Do something
}
```

```
Example

while (i < 5){
    print(i)

    i <- i + 1

}
```

圖 12-10　While Loop 指令介紹

圖片來源：r-cheat-sheet (2022/9/8). https://iqss.github.io/dss-workshops/R/Rintro/base-r-cheat-sheet.pdf

這裡使用 while 迴圈，意思為系統一直進行迴圈，直到指定的設定條件不被滿足為止，也就是到達了最後一個搜尋頁面的再下一頁。我們先來試看看，這一頁是什麼。最後一個搜尋頁面若將網址的 &page 改到最後頁 +1，可以看到網頁顯示查無結果。在我們的例子中，如圖 12-11 所示，打開這頁的 html，尋找特別的標記，發現它有一個元素為 i，屬性的值為 'noresults'。所以，就決定讓 html 中呈現這個元素時，電腦停止迴圈。

```
▼<div class="page-name" data-desc="列表頁">
  ▶<div id="afscontainer1" style="height: auto;">…</div>
  ▶<script type="text/javascript" charset="utf-8">…</script>
      <i class="noresults">查無結果，請改用其他搜尋條件。</i> == $0
```

圖 12-11　搜尋末頁的下一頁的 html

　　使用程式碼：while(length(res %>% html_nodes('.noresults'))==0)，0 的意思為若沒有出現 noresults，就表示該頁搜尋結果有內容，因此要繼續往下跑；若有出現 noresults，則停止。

while 迴圈

```
while(length(res %>% html_nodes('.noresults'))==0){
  print(paste0('page: ', as.character(page)))
  article_urls = res %>%
   html_nodes('ul[data-desc=" 列表 "] li > a') %>%
   html_attr("href")
  for(a_url in article_urls){
   article = fetch_article(a_url)
   df = rbind(df, article)
  }
}
```

* 註：fetch_article 是 p.178 定義的功能。

（四）使用 if 迴圈抓取每個搜尋頁面的資料，並存檔

　　通過了 while 的條件後，接著要進行文章網址的 for 迴圈，程式碼為 article = fetch_article(a_url)，意思為把這篇文章的 a_url 讀進函式 fetch_article，它就會把所有文章的內容萃取出來，並存到 df 裡面，排列成整齊的格式，程式碼為 df = rbind(df, article)。

　　當每一個搜尋頁面抓取完成後，就需要進入一個新的搜尋頁面進行抓取，也就是需要新搜尋頁面的網址。根據觀察我們發現新的網址跟舊的（或上一頁）的網址相比，只是最後的頁碼的數字增加了 1。例如：從 1 變成了 2、從 2 變成了 3，並依次增加。因此，在設定翻頁的頁碼時，先定義 page = page + 1。

翻頁

```
page = page + 1
```

　　要紀錄新的 url 使用程式碼：url = paste0(url_start, '&page', as.character (page))，意思為新的 url 用 paste0 把舊的 url_start 加上 '&page'。再加上視情況而定的 as.character(page)，因為頁碼會一直 +1。

產生新的 url，繼續抓取

```
url = paste0(url_start, '&page', as.character(page))
res = read_html(url)
}
```

* 註：as.character(page) 將原本數字類型變成文字類型，大括號為上述程式碼 while 迴圈的右括號。'&page' 是比較初始查詢結果頁的 url，和後面每一頁查詢結果頁的 url 所找出的規律，發現差別在於 '&page' 加頁碼數字。

最後存成 csv 檔

```
library(readr)
write_excel_csv(df,file=" 檔案名稱 .csv")
```

　　根據上面的講解，大家可以了解到，抓取網頁資料要先觀察網頁背後的 html 檔案的結構，然後使用 rvest 套件抓取 html，並進行重要變項的萃取。如果一個搜尋結果頁面有很多類似結構的文章，可以先將所有的網址抓下來，製作成一個 list；使用 if 迴圈來重複抓取網址 list 中所有的文章變項，並存檔。但如果上面還有更高一級，也就是很多類似結構的搜尋結果頁面，則可以先把抓取單頁變項內容的功能定義成一個 function，再把 function 加在 if 迴圈下面，透過 page+1 更新搜尋結果頁面的網址，重複抓取每個搜尋結果頁面下的文章。當然，還可以透過增加 while 迴圈來設定前面整個抓取過程停止的條件。

　　這些都是總原則，但是每個網站背後 html 檔案的結構都不相同，要進行針對性地調整。

參考文獻

文心中文心理分析系統。取自：http://ccpl.psych.ac.cn/textmind/。

王光旭（2013）。社會網絡分析在公共政策權力途徑上應用之初探：以全民健保的重要政策事件為例。《行政暨政策學報》，(57)，37-90。

朱蘊兒（2018）。命名的政治：從大陸配偶新聞反思民族主義的媒體建構。《傳播與社會學刊》，45，171-214。

林應龍、禹良治（2017）。應用關鍵字差異分析於立法委員選舉得票率預測之研究。《圖書館學與資訊科學》，43(2)，20-34。

曹開明、黃鈴媚、劉大華（2017）。數位語藝批評與文本探勘工具——以反核臉書粉絲團形塑幻想主題為例。《資訊社會研究》，(32)，9-49。

曹修源、方鄒昭聰、林慶昌、吳彩軒（2019）。創新的社群文字探勘方法分析 2018 台北市市長候選人形象定位。《電子商務研究》，17(4)，277-293。

陳世榮（2015）。社會科學研究中的文字探勘應用：以文意為基礎的文件分類及其問題。《人文及社會科學集刊》，27(4)，683-718。

陳怡廷、欒錦榮（2012）。自然語言處理在口碑研究的應用。《中華傳播學刊》，(22)，259-289。

陳彥廷（2012）。非同步網路數學教學案例討論之互動歷程研究。《教學科學研究期刊》，57(1)，79-111。

黃金蘭（2015）。LIWC 辭典。https://cliwc.weebly.com/1999736617214503287932097.html。

搜狗輸入法（2022 年 9 月 20 日）。取自：https://pinyin.sogou.com/dict/。

盧安邦、鄭宇君（2017）。用方法說故事：探析電腦輔助文本分析工具在框架研究之應用。《傳播研究與實踐》，7(2)，145-178。

謝吉隆、楊苾淳（2018）。從「應變自然」到「社會應變」：以文字探勘方法檢視國內風災新聞的報導演變。《教育資料與圖書館學》，55(3)，285-318。

鐘智錦、林淑金、劉學燕、楊雅琴（2017）。集體記憶中的新媒體事件（2002-2014）：情緒分析的視角。《傳播與社會學刊》，40，105-134。

蘇宏訓（2017）。《文字情緒分析候選人形象：以 2016 美國總統大選為例》。國立中興大學行銷學研究所碩士論文。

AI with Dr Malleswar (2019, April 3). Retrieved from: https://www.facebook.com/ AIwithDrMalleswar/photos/machine-learningsupervised-vs-unsupervised-learning/ 1171707946335847/?paipv=0&eav=AfagA8v9p8YEjnH7BRo09dexHhNeLWEp4- zGdMcYZ7p4-tvP__gGg7r8jGiJaUTYuBo&_rdr

Base R Cheat Sheet. https://iqss.github.io/dss-workshops/R/Rintro/base-r-cheat-sheet.pdf

Blaheta, D., & Johnson, M. (2001, July). Unsupervised learning of multi-word verbs. *In Proceedings of the 39th Annual Meeting of the ACL* (pp. 54-60).

Blondel, V. D., Guillaume, J.-L., Lambiotte, R., & Lefebvre, E. (2008). Fast unfolding of communities in large networks. *Journal of Statistical Mechanics: Theory and Experiment, 10,* 1-12.

Burt, R. S. (2004). Structural holes and good ideas. *American Journal of Sociology 110,* 349- 399.

Bonacich, P., & Lloyd, P. (2001). Eigenvector-like measures of centrality for asymmetric relations. *Social networks,* 23(3), 191-201.

Church, K., & Hanks, P. (1990). Word association norms, mutual information, and lexicography. *Computational linguistics, 16*(1), 22-29.

Clauset, A., Newman, M. E., & Moore, C. (2004). Finding community structure in very large networks. *Physical review E, 70*(6), 066111.

Cheat sheet. https://www.rstudio.com/resources/cheatsheets/

Eveland Jr, W. P., & Hively, M. H. (2009). Political discussion frequency, network size, and "heterogeneity" of discussion as predictors of political knowledge and participation. *Journal of communication, 59*(2), 205-224.

GitHub Gist (2021, November 21). Retrieved from: https://gist.github.com/daroczig/3cf06d6db4 be2bbe3368#file-number-of-submitted-packages-to-cran-png

GitHub Gist (2023, April 12). Retrieved from: https://gist.github.com/hscspring/c985355e0814f 01437eaf8fd55fd7998

Grimmer, J., & Stewart, B. M. (2013). Text as data: The promise and pitfalls of automatic content analysis methods for political texts. *Political analysis, 21*(3), 267-297.

Humphreys, A., & Wang, R. J. H. (2017). Automated text analysis for consumer research. *Journal of Consumer Research, 44*(6), 1274-1306.

Hunter, D. R., Handcock, M. S., Butts, C. T., Goodreau, S. M., & Morris, M. (2008). ergm: A package to fit, simulate and diagnose exponential-family models for networks. *Journal of statistical software, 24*(3), nihpa54860.

Jack Raifer Baruch (2022, January 19). MachineLearning. Retrieved from: https://twitter.com/jackraifer/status/1483809204330962944

Jason Mayes (2020, August 21). MachineLearning. Retrieved from: https://twitter.com/jason_mayes/status/1296599149748551680

Jiang, K., Barnett, G. A., & Taylor, L. D. (2016). Dynamics of culture frames in international news coverage: A semantic network analysis. *International Journal of Communication, 10*, 27.

Krivitsky, P. N., Hunter, D. R., Morris, M., & Klumb, C. (2021). ergm 4.0: New features and improvements. arXiv preprint arXiv:2106.04997.

Laver, M., Benoit, K., & Garry, J. (2003). Extracting policy positions from political texts using words as data. *American political science review, 97*(2), 311-331.

Liang, H. (2014). Coevolution of political discussion and common ground in web discussion forum. *Social Science Computer Review, 32*(2), 155-169.

Machine Learning to Calculate Heparin Dose in COVID-19 Patients with Active Cancer - Scientific Figure on ResearchGate. Available from: https://www.researchgate.net/figure/Training-and-validation-scheme-for-machine-learning-methods-The-database-is-split-and_fig1_357570421

Machine Learning...Supervised vs. Unsupervised Learning. Available from: https://www.facebook.com/AIwithDrMalleswar/photos/machine-learningsupervised-vs-unsupervised-learning/1171707946335847/?paipv=0&eav=AfagA8v9p8YEjnH7BRo09dexHhNeLWEp4-zGdMcYZ7p4-tvP__gGg7r8jGiJaUTYuBo&_rdr

Martin Thoma (2016, January 19). different hypothesis spaces. Retrieved from: https://martin-thoma.com/comparing-classifiers/

Meng, J., Chung, M., & Cox, J. (2016). Linking network structure to support messages: Effects of brokerage and closure on received social support. *Journal of Communication, 66*(6), 982-1006.

Mikolov, T., Sutskever, I., Chen, K., Corrado, G. S., & Dean, J. (2013). Distributed representations of words and phrases and their compositionality. *Advances in Neural Information Processing Systems, 26*, 1-9.

Newman, M. E., & Girvan, M. (2004). Finding and evaluating community structure in networks. *Physical Review E, 69*(2), 26-113.

Newman, M. E. J. (2006). Finding community structure in networks using the eigenvectors of matrices. *Physical Review E, 74.*

Nikita, M., & Nikita, M. M. (2016). Package 'ldatuning'.

Orchestrating the Development Lifecycle of Machine Learning-Based IoT Applications: A Taxonomy and Survey - Scientific Figure on ResearchGate. Available from: https://www.researchgate.net/figure/Examples-of-Supervised-Learning-Linear-Regression-and-Unsupervised-Learning_fig3_336642133

Pons, P., & Latapy, M. (2005). *Computing communities in large networks using random walks.* In P. Yolum, T. Güngör, F. Gürgen, & C. Özturan (Eds.), Computer and information sciences - ISCIS 2005 (pp. 284-293). Berlin, Germany: Springer.

R (2022, July 1). Retrieved from: https://iqss.github.io/dss-workshops/R/Rintro/base-r-cheat-sheet.pdf

R (2023, January 15). Retrieved from: https://cran.csie.ntu.edu.tw/

R STUDIO (2023, January 15). Retrieved from: https://posit.co/download/rstudio-desktop/ Reichardt, J., & Bornholdt, S. (2006). Statistical mechanics of community detection. *Physical Review E, 74.*

Reichardt, J., & Bornholdt, S. (2006). Statistical mechanics of community detection. *Physical Review E, 74*(1), 16-110.

ResearchGate (2019, October). Retrieved from: https://www.researchgate.net/figure/Examples-of-Supervised- Learning-Linear-Regression-and-Unsupervised-Learning_fig3_336642133

Robins, G., Pattison, P., Kalish, Y., & Lusher, D. (2007). An introduction to exponential random graph (p*) models for social networks. *Social Networks, 29*(2), 173-191.

Silge, J., & Robinson, D. (2017). Text mining with R: A tidy approach. O'Reilly Media, Inc.

Stackoverflow. http://stackoverflow.com/

Tang, J., Meng, Z., Nguyen, X., Mei, Q., & Zhang, M. (2014, January). Understanding the limiting factors of topic modeling via posterior contraction analysis. *Proceedings of the 31st International conference on Machine Learning, 32*, 190-198.

Text Mining with R (2022, November 2). Retrieved from: https://www.tidytextmining.com/tfidf.html

Veronica Nassisi (2021, December). Retrieved from: https://www.researchgate.net/figure/Training-and-validation-scheme-for-machine-learning-methods-The-database-is-split-and_fig1_357570421

Vu, H. T., Guo, L., & McCombs, M. E. (2014). Exploring "the world outside and the pictures in our heads": A network agenda-setting study. *Journalism & Mass Communication Quarterly, 91*(4), 669-686.

Walter, D., & Ophir, Y. (2019). News frame analysis: An inductive mixed-method computational approach. *Communication Methods and Measures, 13*(4), 248-266.

Zipf's Law. https://www.tidytextmining.com/tfidf.html

國家圖書館出版品預行編目(CIP)資料

文字探勘基礎：從R語言入門／譚躍著.－－初
版.－－臺北市：五南圖書出版股份有限公
司, 2023.09
　面；　公分
ISBN 978-626-366-574-3(平裝)

1.CST: 資料探勘　2.CST: 電腦程式語言
3.CST: 電腦程式設計

312.74　　　　　　　　　　112014661

1H3N

文字探勘基礎：從R語言入門

作　　　者 — 譚　躍

發 行 人 — 楊榮川

總 經 理 — 楊士清

總 編 輯 — 楊秀麗

主　　　編 — 侯家嵐

責任編輯 — 吳瑀芳

文字校對 — 陳俐君

封面設計 — 陳亭瑋

出 版 者 — 五南圖書出版股份有限公司

地　　　址：106臺北市大安區和平東路二段339號4樓

電　　　話：(02)2705-5066　　傳　　　真：(02)2706-6100

網　　　址：https://www.wunan.com.tw

電子郵件：wunan@wunan.com.tw

劃撥帳號：01068953

戶　　　名：五南圖書出版股份有限公司

法律顧問：林勝安律師

出版日期：2023年9月初版一刷

定　　　價：新臺幣350元

經典永恆・名著常在

五十週年的獻禮 —— 經典名著文庫

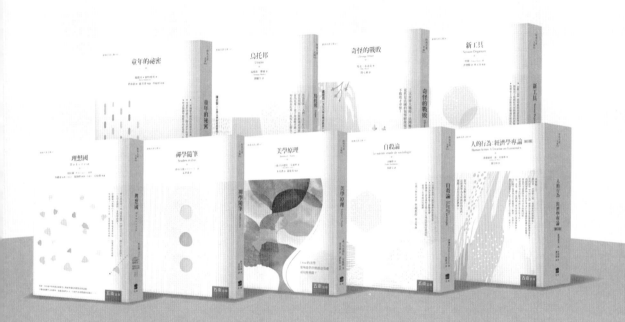

五南，五十年了，半個世紀，人生旅程的一大半，走過來了。

思索著，邁向百年的未來歷程，能為知識界、文化學術界作些什麼？

在速食文化的生態下，有什麼值得讓人雋永品味的？

歷代經典・當今名著，經過時間的洗禮，千錘百鍊，流傳至今，光芒耀人；

不僅使我們能領悟前人的智慧，同時也增深加廣我們思考的深度與視野。

我們決心投入巨資，有計畫的系統梳選，成立「經典名著文庫」，

希望收入古今中外思想性的、充滿睿智與獨見的經典、名著。

這是一項理想性的、永續性的巨大出版工程。

不在意讀者的眾寡，只考慮它的學術價值，力求完整展現先哲思想的軌跡；

為知識界開啟一片智慧之窗，營造一座百花綻放的世界文明公園，

任君遨遊、取菁吸蜜、嘉惠學子！